高等职业教育系列教材

工厂电气控制设备及技能训练

主　编　张文红　王锁庭
参　编　曹　月　张　琳

机械工业出版社

本书围绕着工厂电气控制电路中常用的三相异步电动机运行控制电路的原理及装调,从简单低压电器原理、结构、拆装的介绍,到三相异步电动机控制电路装调的介绍,让读者了解工厂电气控制常用低压电器控制电路的具体操作方法,从而使得读者对常用低压电器控制电路的装调有了全面的认识。主要内容包括：常用电工工具与仪表的使用、常用低压电器的使用与典型电气控制电路的制作与应用、常用电气设备电路的装调和维修。全书采用项目化编写形式,通过"教、学、做"一体化的形式把理论和实践融为一体,并进行考核与评价,在完成所有项目的过程中,揭开学习者的职业素养和职业能力。

本书紧密围绕中级维修电工岗位需求和高职高专自动化大类专业教学需求,可作为高职高专、各类院校二级职业技术学院相关专业教学用书,还可作为相关企业职工、社会从业人员的业务参考书及培训用书。

本书提供配套的电子课件,需要的教师可登录 www.cmpedu.com 进行免费注册,审核通过后即可下载;或者联系编辑索取（QQ：1239258369,电话：010-88379739）。

图书在版编目（CIP）数据

工厂电气控制设备及技能训练/张文红,王锁庭主编 .—北京：机械工业出版社,2018.1（2025.1重印）
高等职业教育系列教材
ISBN 978-7-111-59042-2

Ⅰ.①工… Ⅱ.①张… ②王… Ⅲ.①工厂-电气控制装置-高等职业教育-教材 Ⅳ.①TM571.2

中国版本图书馆 CIP 数据核字（2018）第 018897 号

机械工业出版社（北京市百万庄大街22号　邮政编码100037）
策划编辑：李文轶　　责任编辑：李文轶
责任校对：张艳霞　　责任印制：常天培
固安县铭成印刷有限公司印刷

2025年1月第1版·第4次印刷
184mm×260mm·9.75 印张·226 千字
标准书号：ISBN 978-7-111-59042-2
定价：34.90 元

电话服务　　　　　　　　　网络服务
客服电话：010-88361066　　机 工 官 网：www.cmpbook.com
　　　　　010-88379833　　机 工 官 博：weibo.com/cmp1952
　　　　　010-68326294　　金 书 网：www.golden-book.com
封底无防伪标均为盗版　　机工教育服务网：www.cmpedu.com

前　　言

为适应现代工厂生产的实际需要，依据工厂电气控制的知识和技能的要求，结合高职高专院校工厂电气控制维修工岗位操作技能要求，基于校企合作、工学结合的模式，以任务驱动的工程实训为线索，编写了本教材。

本书内容包括 7 个教学项目：三相异步电动机单向运行控制电路的装调；三相异步电动机正反转控制电路的装调；三相异步电动机两地控制电路的装调；三相异步电动机顺序控制电路的装调；三相异步电动机自动往返控制电路的装调；三相异步电动机星-三角降压起动控制电路的装调；常见机床电气控制电路的装调与故障维修。每个教学项目包含相关知识、原理接线、任务实施、考核评价等几方面的内容，且每个教学项目都有明确的工作目标，并有具体的操作方法和较为详细的考核目标。

本书具有以下的特色：

（1）知识和技能紧密结合，学生通过技能训练掌握了工厂电气控制维修工的实际操作技能，同时又通过相关的知识点掌握了相应的理论知识，既能达到工厂电气控制维修工岗位技术能力的要求，也对学生的创新意识和能力拓展有积极的引导作用。

（2）基于校企合作、工学结合的模式，以任务驱动的实际工程项目为线索，结合企业生产实际以及对工厂电气控制维修工的人才需求进行教材的编写。

本教材按 60~80 课时编写，各学校根据不同的教学课时可以选择重点的项目进行教学。

本教材是天津滨海职业学院"信息化建设在'工厂电气控制设备'教学中的运用与创新研究"课题的科研成果。本教材由天津滨海职业学院张文红、天津石油职业技术学院王锁庭担任主编并统稿。参加编写的有：张文红（项目1、2），王锁庭（项目3、5），天津滨海职业学院曹月（项目7），天津滨海职业学院张琳（项目4），华北油田水电厂朱蜀东（项目6）。在编写过程中，编者参阅了许多同行、专家们的论著和文献，特别是得到了天津昌晖仪表有限公司，天津渤海化工集团公司，天津石油职业技术学院教务处、创新研发中心以及电子信息系的大力支持和帮助，在此一并真诚致谢。

本书可作为高职高专、各类院校二级职业技术学院相关专业教学用书，还可作为相关企业职工、社会从业人员的业务参考书及培训用书。

限于编者的学术水平和实践经验，书中的错漏及不足之处，恳切希望有关专家和广大读者批评指正。

编　者

目　录

前言
项目1　三相异步电动机单向运行控制电路的装调 ……………………………………………… 1
　任务1.1　常用电工工具的使用 ………………………………………………………………… 1
　　1.1.1　常用的维修电工工具 ………………………………………………………………… 1
　　1.1.2　常用的维修电工专用工具 …………………………………………………………… 7
　【任务实施】 ……………………………………………………………………………………… 13
　【考核与评价】 …………………………………………………………………………………… 14
　任务1.2　常用电工仪表的使用 ………………………………………………………………… 14
　　1.2.1　电流表和电压表 ……………………………………………………………………… 14
　　1.2.2　万用表 ………………………………………………………………………………… 16
　　1.2.3　钳形表 ………………………………………………………………………………… 19
　　1.2.4　兆欧表 ………………………………………………………………………………… 20
　【任务实施】 ……………………………………………………………………………………… 22
　【考核与评价】 …………………………………………………………………………………… 23
　任务1.3　常用低压电器的识别 ………………………………………………………………… 23
　　1.3.1　低压开关 ……………………………………………………………………………… 23
　　1.3.2　刀开关 ………………………………………………………………………………… 26
　　1.3.3　组合开关 ……………………………………………………………………………… 29
　　1.3.4　自动空气开关（低压断路器） ……………………………………………………… 30
　　1.3.5　接触器 ………………………………………………………………………………… 32
　　1.3.6　继电器 ………………………………………………………………………………… 36
　　1.3.7　熔断器 ………………………………………………………………………………… 43
　　1.3.8　主令电器 ……………………………………………………………………………… 46
　【任务实施】 ……………………………………………………………………………………… 48
　【考核与评价】 …………………………………………………………………………………… 49
　任务1.4　三相异步电动机点动控制电路的装调 ……………………………………………… 50
　　1.4.1　绘制布置图和接线图的方法 ………………………………………………………… 51
　　1.4.2　元器件安装工艺 ……………………………………………………………………… 51
　　1.4.3　布线工艺 ……………………………………………………………………………… 52
　　1.4.4　三相异步电动机单向点动控制电路运行工作原理 ………………………………… 52
　【任务实施】 ……………………………………………………………………………………… 53
　【考核与评价】 …………………………………………………………………………………… 57
　任务1.5　三相异步电动机直接起动控制电路的装调 ………………………………………… 58
　　1.5.1　三相异步电动机直接起动控制电路运行的工作原理 ……………………………… 59

  1.5.2 常用的保护环节 ······ 60
 【任务实施】 ······ 60
 【考核与评价】 ······ 63
 任务1.6 既能点动控制又能连续运行的控制电路的装调 ······ 63
  1.6.1 各元器件的作用 ······ 64
  1.6.2 工作原理 ······ 64
  1.6.3 实物接线方法 ······ 65
  1.6.4 控制电路的检查 ······ 65
 【任务实施】 ······ 66
 【考核与评价】 ······ 67
项目2 三相异步电动机正反转控制电路的装调 ······ 68
 任务2.1 三相异步电动机正反转接触器联锁*控制电路的装调 ······ 68
  2.1.1 正反转控制 ······ 69
  2.1.2 正反转接触器联锁（单联锁）控制 ······ 69
  2.1.3 接线方法 ······ 71
 【任务实施】 ······ 71
 【考核与评价】 ······ 73
 任务2.2 三相异步电动机正反转双联锁控制电路的装调 ······ 73
  2.2.1 各元器件的作用 ······ 74
  2.2.2 工作原理 ······ 74
  2.2.3 接线方法 ······ 75
 【任务实施】 ······ 75
 【考核与评价】 ······ 76
项目3 三相异步电动机两地控制正反转电路的装调 ······ 78
 任务3.1 三相异步电动机两地控制正反转单联锁电路的装调 ······ 78
  3.1.1 各元器件的作用 ······ 78
  3.1.2 工作原理 ······ 79
  3.1.3 接线方法 ······ 80
  3.1.4 电路检查 ······ 80
 【任务实施】 ······ 81
 【考核与评价】 ······ 82
 任务3.2 三相异步电动机两地控制正反转双联锁电路的装调 ······ 83
  3.2.1 各元器件的作用 ······ 83
  3.2.2 工作原理 ······ 84
  3.2.3 接线方法 ······ 85
  3.2.4 电路检查 ······ 85
 【任务实施】 ······ 86
 【考核与评价】 ······ 86
项目4 三相异步电动机顺序起动控制电路的装调 ······ 87

  任务 4.1 三相异步电动机顺序起动、同时停止控制电路的装调 …………………… 87
    4.1.1 各元器件的作用 …………………………………………………………… 87
    4.1.2 工作原理 …………………………………………………………………… 88
    4.1.3 接线方法 …………………………………………………………………… 88
    4.1.4 电路检查 …………………………………………………………………… 88
  【任务实施】……………………………………………………………………………… 89
  【考核与评价】…………………………………………………………………………… 91
  任务 4.2 三相异步电动机顺序起动、顺序停止控制电路的装调 …………………… 91
    4.2.1 各元器件的作用 …………………………………………………………… 92
    4.2.2 工作原理 …………………………………………………………………… 92
    4.2.3 接线方法 …………………………………………………………………… 92
    4.2.4 电路检查 …………………………………………………………………… 93
  【任务实施】……………………………………………………………………………… 93
  【考核与评价】…………………………………………………………………………… 94
  任务 4.3 三相异步电动机顺序起动、逆序停止控制电路的装调 …………………… 94
    4.3.1 各元器件的作用 …………………………………………………………… 94
    4.3.2 工作原理 …………………………………………………………………… 95
    4.3.3 接线方法 …………………………………………………………………… 95
    4.3.4 电路检查 …………………………………………………………………… 96
  【任务实施】……………………………………………………………………………… 96
  【考核与评价】…………………………………………………………………………… 97
项目 5 三相异步电动机自动往复循环控制电路的装调 ……………………………………… 98
  5.1 各元器件的作用 ……………………………………………………………………… 99
  5.2 工作原理 ……………………………………………………………………………… 99
  5.3 接线方法 ……………………………………………………………………………… 100
  5.4 电路检查 ……………………………………………………………………………… 101
  【任务实施】……………………………………………………………………………… 102
  【考核与评价】…………………………………………………………………………… 102
项目 6 三相异步电动机星-三角降压起动控制电路的装调 …………………………………… 103
  6.1 三相异步电动机星-三角降压起动的原因 …………………………………………… 103
  6.2 各元器件的作用 ……………………………………………………………………… 104
  6.3 工作原理 ……………………………………………………………………………… 104
  6.4 电路元器件接线图的绘制及分析 …………………………………………………… 105
    6.4.1 接线方法 …………………………………………………………………… 105
    6.4.2 控制电路的检查 …………………………………………………………… 105
    6.4.3 注意事项 …………………………………………………………………… 107
  【任务实施】……………………………………………………………………………… 107
  【考核与评价】…………………………………………………………………………… 107
项目 7 常见机床电气控制电路的装调与故障维修 ……………………………………………… 108

任务 7.1　C6140 型车床电气控制电路的装调与故障维修 …………………… 108
　　7.1.1　C6140 车床结构 …………………………………………………… 109
　　7.1.2　C6140 型车床的运动形式与控制要求 …………………………… 110
【考核与评价】……………………………………………………………………… 115
任务 7.2　T68 型卧式镗床的电气控制电路的装调与故障维修 ………………… 116
　　7.2.1　T68 型卧式镗床结构 ………………………………………………… 117
　　7.2.2　T68 型卧式镗床运动形式与控制要求 …………………………… 117
【考核与评价】……………………………………………………………………… 125
任务 7.3　X62W 万能铣床电气控制电路的装调与故障维修 …………………… 126
　　7.3.1　X62W 万能铣床结构 ………………………………………………… 126
　　7.3.2　X62W 万能铣床的运动形式与控制要求 ………………………… 127
【任务实施】………………………………………………………………………… 128
【考核与评价】……………………………………………………………………… 136
任务 7.4　Z3040B 型摇臂钻床的电气控制电路的装调与故障维修 …………… 136
　　7.4.1　Z3040B 型摇臂钻床结构 …………………………………………… 137
　　7.4.2　Z3040B 型摇臂钻床的运动形式与控制要求 …………………… 137
【任务实施】………………………………………………………………………… 137
【考核与评价】……………………………………………………………………… 144
参考文献 ………………………………………………………………………… 145

项目1 三相异步电动机单向运行控制电路的装调

【学习目标】

1. 熟练掌握十字改锥、一字改锥的正确使用手法。
2. 熟练掌握几种钳子的使用方法。
3. 掌握几种维修电工工具的使用方法。
4. 熟练使用万用表。
5. 掌握常用低压电器的结构、基本工作原理、作用、应用场合、主要技术参数、典型产品、图形符号和文字符号,并能对其进行拆装。
6. 掌握电气控制电路板制作的方法。
7. 了解电气配线工艺标准、要求。
8. 会测量绝缘电阻。
9. 会按照电气原理接线图进行线路自检,查找故障点。

任务1.1 常用电工工具的使用

【任务目标】

1. 掌握十字改锥、一字改锥的正确使用手法。
2. 掌握几种钳子的使用方法。
3. 掌握电工刀的使用方法。

【任务描述】

掌握常用电工工具的正确使用方法。

职业能力要点:熟练掌握几种常用电工工具的原理、结构以及使用方法,让学生掌握常用工具的正确使用方法。

职业素质要求:工具摆放合理,操作完毕后及时清理工作台,并填写使用记录。

【知识准备】

1.1.1 常用的维修电工工具

1. 维修电工常用工具

维修电工常用工具是指电工随身携带的常规工具,主要有电工钳、尖嘴钳、斜口钳、剥线钳、螺钉旋具、电工刀、活络扳手、验电笔、钢锯以及锤子等,是从事维修电工岗位必备的常用工具。

2. 常用电工工具的用途

电工钳俗称钢丝钳，用于弯扭、剪切导线、剥开电线绝缘层、紧固及拧松螺钉等。常用的电工钳有 175 mm 和 200 mm 两种。

尖嘴钳是由尖头、刃口和钳柄组成。它头部尖细，适用于狭小空间操作，主要用于切断较细的导线、金属丝，夹持小螺钉、垫圈，并可将导线端头弯曲成形。

斜口钳钳头为圆弧形，剪切口与钳柄成一角度。它用于剪切金属薄片及较粗的金属丝、线材及电线电缆。

剥线钳用于剥开直径在 6 mm 以下的塑料、橡胶电线线头的绝缘层。主要部分是钳头和手柄，它的钳口工作部分有从 0.5~3 mm 的多个不同孔径的切口，以便剥开不同规格的芯线绝缘层。

螺钉旋具又称改锥或起子、螺丝刀，是用来紧固和拆卸各种螺钉以及安装或拆卸元件的。按照其功能和头部形状不同可分为"一"字形和"十"字形；若按握柄材料的不同，又可分木柄和塑料柄两类。现在流行一种组合工具，由不同规格的螺钉旋具、锥、钻、凿、锯、锉、锤等组成，柄部和刀体可以拆卸使用。

电工刀在电气设备安装操作中主要用于剥开导线绝缘层，削制木榫，切割木台缺口等。由于它的刀柄没有绝缘，不能直接在带电体上进行操作。

钢锯在电气设备安装与维修操作中常用于锯割槽板、木楔、木榫、角钢及管子等。

活扳手是用来紧固或旋松螺母的一种专用工具，其钳口可在规格限定范围内任意调整大小。

验电笔是检验低压线路和设备带电部分是否带电的工具，通常制成钢笔式和螺钉旋具式两种。

锤子是一种常用的锤击工具，如拆装电动机、锤打铁钉和木榫等。

3. 常用电工工具的操作要领

（1）验电笔

使用时，必须手指触及验电笔尾的金属部分，并使氖管小窗背光且朝向自己，以便观测氖管的亮暗程度，防止因光线太强造成误判断，其使用方法见图 1-1 所示。

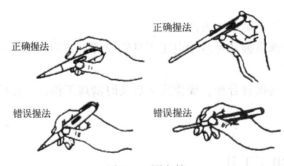

图 1-1 测电笔

当用验电笔测试带电体时，电流经带电体、电笔、人体及大地形成通电回路，只要带电体与大地之间的电位差超过 60 V 时，电笔中的氖管就会发光。低压验电笔检测的电压范围的 60~500 V。

注意事项：
- 使用前，必须在有电源处对验电笔进行测试，以证明该验电笔确实良好，方可使用。
- 验电时，应使验电笔逐渐靠近被测物体，直至氖管发亮，不可使其直接接触被测体。
- 验电时，手指必须触及笔尾的金属体，否则带电体也会误判为非带电体。
- 验电时，要防止手指触及笔尖的金属部分，以免造成触电事故。

(2) 电工刀

在使用电工刀时，不得用于带电作业，以免触电；应该左手握紧刀背，右手握紧刀把，将刀口朝外剖削，并注意避免伤及手指；使用完毕需随即将刀身折进刀柄。

如图 1-2a 所示，用电工刀剥开导线绝缘层时，刀面与导线成 45°角倾斜，以免削伤导线的线芯。

如图 1-2b 所示，电工刀剥开导线护套层或绝缘层时刀口应朝外，以免伤手。

图 1-2 电工刀
a) 剥开导线绝缘层 b) 剥开导线护套层或绝缘层

在使用时注意，由于电工刀的刀柄没有绝缘，不能直接在带电体上进行操作，另外使用电工刀切割导线绝缘层时不宜用力过猛，以防伤及周围的人员。

(3) 螺钉旋具

使用螺钉旋具时，螺钉旋具较大时，除大拇指、食指和中指要夹住手柄外，手掌还要顶住手柄的末端以防其旋转时滑脱。螺钉旋具较小时，用大拇指和中指夹着手柄，同时用食指顶住柄的末端用力旋动。螺钉旋具较长时，用右手压紧手柄并转动，同时左手握住螺钉旋具的中间部分（不可放在螺钉周围，以免将手划伤），以防止螺钉旋具滑脱。

注意事项：带电作业时，手不可触及螺钉旋具的金属杆，以免发生触电事故。为防止金属杆触到人体或邻近带电体，金属杆应套上绝缘管。

(4) 钢丝钳

电工钳俗称钢丝钳，钢丝钳在电工作业时，用途广泛。钳口可用来弯扭或夹住导线线头；齿口可用来紧固或松动螺母；刀口可用来剪切导线或剥开导线绝缘层；侧口可用来侧切导线线芯、钢丝等较硬线材。常用的钢丝钳有 175mm 和 200mm 两种。钢丝钳的使用方法见图 1-3 所示。

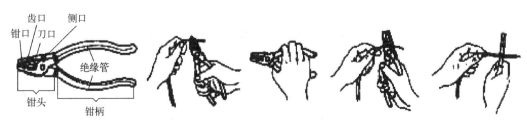

图 1-3 钢丝钳

注意事项：
- 使用前，使检查钢丝钳绝缘是否良好，以免带电作业时造成触电事故。
- 在带电剪切导线时，不得用刀口同时剪切不同电位的两根线（如相线与零线、相线与相线等），以免发生短路事故。

（5）尖嘴钳

尖嘴钳因其头部尖细（图1-4），适用于在狭小的工作空间操作。

尖嘴钳可用来剪断较细小的导线；可用来夹持较小的螺钉、螺帽、垫圈、导线等；也可用来对单股导线整形（如平直、弯曲等）。若使用尖嘴钳带电作业，应检查其绝缘是否良好，并在作业时金属部分不要触及人体或邻近的带电体。

图1-4 尖嘴钳

（6）斜口钳

专用于剪断各种电线和电缆，如图1-5所示。对粗细不同、硬度不同的材料，应选用大小合适的斜口钳。

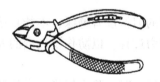

图1-5 斜口钳

（7）剥线钳

剥线钳是专用于剥开较细小导线绝缘层的工具，剥线钳用于剥开直径在6 mm以下的塑料、橡胶电线线头的绝缘层。主要部分是钳头和手柄，它的钳口工作部分有0.5~3 mm的多个不同孔径的切口，以便剥开不同规格的芯线绝缘层。其外形如图1-6所示。

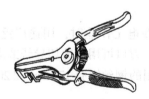

图1-6 剥线钳

使用剥线钳剥开导线绝缘层时，先将要剥除的绝缘长度用标尺定好，然后将导线放入相应的刀口中（比导线直径稍大），再用手将钳柄握紧，导线的绝缘层即被剥离。

注意事项：
- 将要剥除的绝缘导线的绝缘层厚度确定好（一般为0.5~2 cm）。
- 将导线放入合适的刀口中。
- 用手将钳柄握紧，导线的绝缘层即被割破并自动弹出。

选择剥除用的刀口应比导线直径略大，防止切伤导线线芯。剥开导线绝缘层时应将剥线钳的刀口朝外，使剥离的绝缘线头向外弹出。

（8）电烙铁

焊接前，一般要把焊头的氧化层除去，并用焊剂进行上锡处理，使得焊头的前端经常保持一层薄锡，以防止氧化、减少能耗、导热良好。

电烙铁的握法没有统一的要求，以不易疲劳、操作方便为原则，一般有笔握法和拳握法两种，如图 1-7 所示。

用电烙铁焊接导线时，必须使用焊料和焊剂。焊料一般为丝状焊锡或纯锡，常见的焊剂有松香、焊膏等。

对焊接的基本要求是：焊点必须牢固，锡液必须充分渗透，焊点表面光滑有泽，应防止出现"虚焊""夹生焊"。产生"虚焊"的原因是因为焊件表面未清除干净或焊剂太少，使得焊锡不能充分流动，造成焊件表面挂锡太少，焊件之间未能充分固定；造成"夹生焊"的原因是因为烙铁温度低或焊接时烙铁停留时间太短，焊锡未能充分熔化。

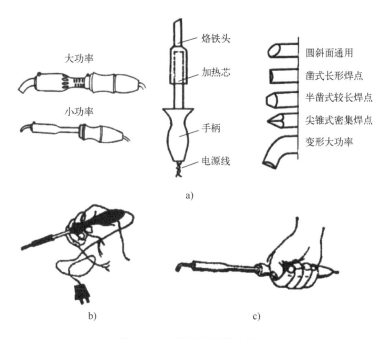

图 1-7 电烙铁的结构和握法
a）结构 b）笔握法 c）拳握法

注意事项：
- 使用前应检查电源线是否良好，有无被烫伤。
- 焊接电子类元件（特别是集成块）时，应采用防漏电等安全措施。
- 当焊头因氧化而不"吃锡"时，不可硬烧。
- 当焊头上锡较多不便焊接时，不可甩锡，不可敲击。
- 焊接较小元件时，时间不宜过长，以免因热损坏元件或绝缘。
- 焊接完毕，应拔去电源插头，将电烙铁置于金属支架上，防止烫伤或火灾的发生。

(9) 螺钉旋具

螺钉旋具使用时，应按螺钉的规格选用适合的刀口，以小代大或以大代小均会损坏螺钉或电气元件。螺钉旋具的使用方法如图1-8所示。较大螺钉旋具的操作可按图1-8a所示方法练习；较小螺钉旋具的操作可按图1-8b所示方法练习。

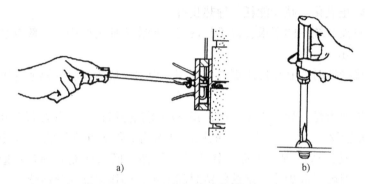

图1-8 螺钉旋具的使用
a）较大螺钉旋具的操作方法 b）较小螺钉旋具的操作方法

(10) 活扳手

扳动较大螺杆或螺母时，所用力矩较大，手应握在活扳手手柄的尾部，如图1-9a所示。

扳动小型螺杆或螺母时，为了防止钳口处打滑，手可握在接近活扳手头部的位置，并用拇指调节和稳定蜗轮，如图1-9b所示。

图1-9 活扳手的使用
a）扳动较大螺杆螺母的操作方法 b）扳动小型螺杆螺母的操作方法

在使用时要注意，使用活扳手时不能反方向用力，否则容易扳裂活络扳唇，也不许用钢管套在手柄上作加力杆使用，更不准用作撬棒撬击重物或当作锤子使用。另外在旋动螺杆或螺母时，必须把工件的两侧平面夹牢，以免损坏螺杆或螺母的棱角。

(11) 锤子

挥动锤子的方法有三种，手挥、肘挥和臂挥，如图1-10所示。手挥法打击力最小，肘挥法打击力较大，臂挥法打击力最大。

挥锤时要左手执凿，目视凿尖，右手挥锤，手腕后弓，锤面后仰。整个打击过程要求挥锤频率稳定、命中凿顶、打击有力，如图1-10d所示。

在使用时要注意，使用锤子时应经常检查锤头，防止松动。协助者或其他人不能站在挥锤者的正前方或正后方，可以站在侧面。使用锤子进行高空作业时，下方协助者应戴好安全帽。

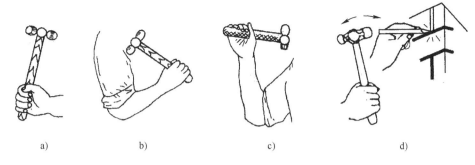

图 1-10 锤子的使用
a) 手挥法 b) 肘挥法 c) 臂挥法 d) 锤子操作示意图

(12) 钢锯

安装锯条时，锯齿尖端应朝向前方，拧紧张紧螺母可以调整锯条的松紧度，以免锯割时锯条左右晃动。在锯割时，右手满握锯柄，左手轻扶锯弓的前端。起锯时，压力要小，行程要短，速度放慢。工件将要锯断时，用左手扶住将被锯下的那一段，以防止工件下落造成损坏或者危及操作人员。

1.1.2 常用的维修电工专用工具

1. 维修电工专用工具的类别

维修电工专用工具主要有冲击钻、电锤、喷灯、紧线器、弯管器、顶拔器以及劳保用品等，是从事维修电工岗位必备的专用工具。

2. 维修电工专用工具的用途

(1) 冲击钻

冲击钻常用于在配电板（盘）、建筑物或其他金属材料、非金属材料上钻孔。把冲击钻的调节开关置于"旋转"的位置，钻头只旋转而没有前后的冲击动作，可作为普通钻使用；调到"冲击"的位置，通电后边旋转、边前后冲击，便于钻削混凝土或砖结构建筑物上的孔。

冲击钻主要由电动机、减速装置、冲击装置、开关、手柄等组成。

冲击钻的主要参数有额定电压（一般为交流 220 V）、额定功率、空载转速、最大钻孔直径（通常为 16 mm）。

冲击钻及钻头外形如图 1-11 所示。

(2) 电锤

电锤适用于混凝土、砖石等硬质建筑材料的钻孔，代替手工凿孔操作，可大大减轻劳动强度。

电锤主要由电动机、传动装置、减速箱、离合装置、锤头等组成。

电锤的主要参数有额定电压（一般为交流 220 V）、额定功率、空载转速、额定冲击次数（可达 2800 r/min）、最大钻孔直径（通常为 26 mm）。

电锤及钻头外形如图 1-12 所示。

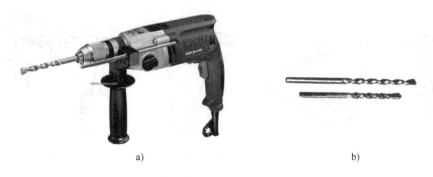

图 1-11 冲击钻及钻头
a) 冲击钻 b) 钻头

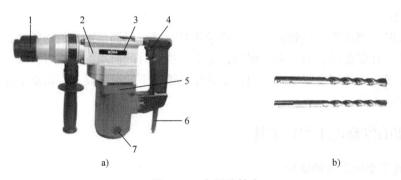

图 1-12 电锤及钻头
a) 电锤外形 b) 电锤钻头
1—锤头 2—内部离合装置 3—内部减速箱 4—电源开关 5—内部传动装置
6—电源线 7—内部电动机及电刷

(3) 喷灯

喷灯是一种利用喷射火焰对工件进行加热的工具，常用来焊接铅包电缆的铅包层、大截面铜连接处的搪锡以及其他电连接表面的防镀锡等。

喷灯按照使用燃料划分，分为煤油喷灯和汽油喷灯两种，其外形如图 1-13 所示。

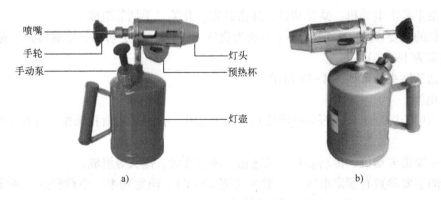

图 1-13 喷灯
a) 煤油喷灯 b) 汽油喷灯

（4）紧线器

紧线器又名收线器或收线钳，在室内外架空线路的安装中用以收紧将要固定在绝缘子上的导线，以便调整弧垂。

紧线器的种类很多，传统的紧线器有平口式和虎头式两种，其外形如图1-14所示。平口式由上钳、拉环、棘爪、棘轮扳手等组成。虎头式的前部带有利用螺栓夹紧线材的钳口，后部有棘轮装置，用来拉紧架空线，并有两用扳手一只，其一端制有一个可以旋转钳口螺母的孔，另一端制有可以棘轮的孔。此外常用的紧线器还有链条式紧线器、多功能紧线器等，其外形如图1-14所示。

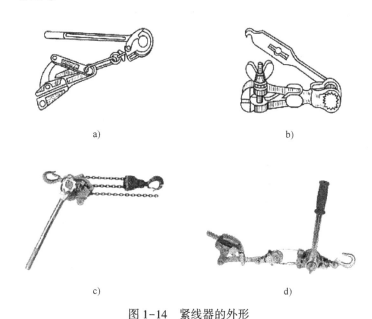

图1-14 紧线器的外形

a）平口式紧线器 b）虎头式紧线器 c）链条式紧线器 d）多功能紧线器

（5）弯管器

弯管器是用于管道配线中将管道弯曲成型的工具。电工常用的有管弯管器和滑轮弯管器两种。其外形如图1-15所示。

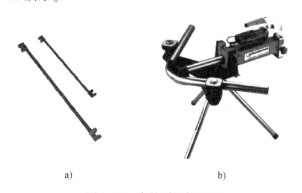

图1-15 弯管器的外形图

a）管状弯管器 b）液压弯管器

管状弯管器由钢管手柄和铸铁弯头组成，其结构简单，操作方便，适用于手工弯曲直径在 50 mm 及以下的线管。

液压弯管器适用于对钢管加工要求较高的场合，特别适用于批量弯曲曲率半径相同的、直径在 50~100 mm 的金属管道时的场合。

(6) 顶拔器

顶拔器工具用于拆卸配合较紧的电动机皮带轮、轴承等装置。常用的顶拔器有普通型和液压型两种，如图 1-16 所示。

普通型顶拔器结构简单，价格低廉，但操作稳定性不够好。

液压型顶拔器结构紧凑、操作省力。防滑脱，且不受场地、方向、位置（2 爪、3 爪）的限制，广泛应用于拆卸各种圆盘、法兰、齿轮、轴承、皮带轮等，是替代普通顶拔器的理想工具。

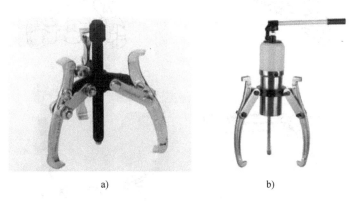

图 1-16 顶拔器的外形
a) 普通型顶拔器　b) 液压型顶拔器

(7) 劳保用品

常用的劳保用品主要有绝缘手套、绝缘靴和绝缘垫等（图 1-17），这些均用绝缘性能良好的特种橡胶制成。

1) 绝缘手套

绝缘手套一般作为使用高压绝缘棒的辅助用具，使用时应内衬一副线手套。绝缘手套每次使用前必须进行检查，发现有破损、漏洞及粘胶现象则不能使用。常用压气法检查有无漏气现象，如果发生漏气则不能再用。绝缘手套应存放在干燥阴凉的地方，内放少许滑石粉以防粘胶，避免与油类及化工用品接触，存放期内应半年进行一次认真检查。

2) 绝缘靴

绝缘靴主要用来防止跨步电压的伤害，同时对泄漏电流和接触电压也有一定的防护作用。在下雨天操作室外高压设备时，除了佩戴绝缘手套外，还必须穿上绝缘靴。当低压配电装置出现接地故障时，穿绝缘靴可以直接进入故障区。若配电装置接地网的接地电阻不符合要求而需要检修时也要穿绝缘靴。绝缘靴平时应放在干燥阴凉处的木架上，不能与耐酸、耐碱、耐油鞋混合放置。

3) 绝缘垫

绝缘垫的作用与绝缘靴相似，在控制屏、保护屏等处安置绝缘垫，可起到良好的保护作用。绝缘垫还能用来作为高压电器设备试验用的辅助安全用具。绝缘垫不能与酸碱和油类、化工药品接触。

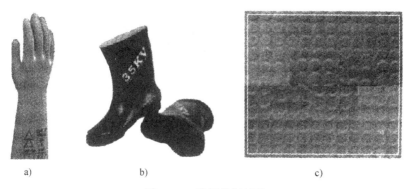

图 1-17　常用劳保用品
a）绝缘手套　b）绝缘靴　c）绝缘垫

3. 维修电工专用工具的操作要领

（1）冲击钻的使用

1）冲击钻使用前，必须保证软电线的完好，不可任意接长和拆换不同类型的软电线。

2）使用时应保持钻头锋利，待冲击钻正常运转后，才能钻或冲。在钻或冲的过程中，不能用力过猛，不能由单人操作。遇到转速变慢或突然刹住时，应立即减小用力，并及时退出或切断电源，防止过载。

3）在使用时应使在通风处进行，并防止铁屑等其他杂物进入而损坏电钻。

4）冲击钻不适宜在含有易燃、易爆或腐蚀性气体及潮湿等特殊环境中使用。

在使用时要注意，为了保证冲击电钻的正常工作，应保持换向器的清洁。当碳刷的有效长度小于 3 mm 时，应及时更换。另外要经常保持冲击钻内所有滚珠轴承和减速齿轮的润滑脂清洁，并注意更换。注意长期搁置不用的冲击电钻，必须进行干燥处理和维护，经检查合格后方可使用。

（2）电锤的使用

1）在使用前先空转 1 min，检查电锤各部分的状态，待传动灵活且无障碍后，装上钻头开始工作。

2）装上钻头后，最好先将钻头顶在工作面上再开钻，可避免锤头受冲击振动而受损的影响。装钻头时，只要将钻杆插进锤头孔，待锤头槽内圆柱自动挂住钻杆便可工作。若要更换钻头，将弹簧套轻轻往后一拉，钻头即可拔出。

3）在操作过程中，如有不正常的声音和现象，应立即停机，切断电源检查。若连续使用时间太长，电锤过热，也应停机，让其在空气中自行冷却后再使用，切不可用水喷浇冷却。

4）使用时电锤须定期检查，使换向器部件光洁完好，确保通风道清洁和畅通，清洗机械部分的每个零件。重新装配时，活塞转套等配合面都要加润滑油，并注意不要将冲击活塞按到压气活塞的底部，否则没有气垫，电锤将不冲击。应将所有的零件按原来位置装好。电锤应存放在干燥、没有腐蚀性气体的环境中，切勿与汽油及其他溶剂相接触。

(3) 喷灯的使用

1) 加油。旋下加油阀上的螺栓,倒入适量的油,一般以不超过筒体的 3/4 为宜,保留一部分空间储存压缩空气,以维持必要的空气压力。加完油后,应旋紧加油口的螺栓,关闭放油阀的阀杆,擦净洒在外部的汽油,并检查喷灯各处是否有渗漏现象。

2) 预热。在预热燃烧盘(杯)中倒入汽油,用火柴点燃,预热火焰喷头。

3) 喷火。待火焰喷头烧热后,盘中汽油燃烧完之前,打气 3~5 次,将放油调节阀旋松,使阀杆开启,喷出油雾,喷灯即点燃后喷火。而后继续喷出油雾,至火力正常时为止。

4) 熄火。如需熄灭喷灯,应先关闭放油调节阀,直到火焰熄灭,再慢慢旋松加油口的螺栓,放出筒体内的压缩空气。

在使用时要注意,不得在煤油喷灯的筒体加入汽油。汽油喷灯在加汽油时,应先熄火,再将加油阀上螺栓旋松,听见出气声后不要再旋松,以免汽油喷出。待气放尽后,方可开盖加油。在使用过程中,应经常检查油路密封圈零件等配件的配合处是否有渗漏跑气现象。

(4) 紧线器的使用

以平口式紧线器为例介绍其使用方法,说明其具体操作步骤。

1) 上线。一手握住拉环,另一手握住下钳口,往后推移,将需要拉紧的导线放入钳口槽中,放开手中的下钳口,利用弹簧夹住导线。

2) 收紧。把一段钢绳穿入紧线盘的孔中,使棘爪扣住棘轮,然后利用棘轮扳手前后往返运动,使导线逐渐拉紧。

3) 放松。将导线拉紧到一定程度并扎牢后,将棘轮扳手向前推一些,使棘轮产生间隙,此时用手将棘爪向上扳开,被收紧的导线就会自动放松。

4) 卸线。仍用一手握住拉环,另一手握住下钳往后推。

(5) 弯管器的使用

1) 将管子要弯曲部分的前缘送入弯管器工作部分(如果是焊管,应将焊缝置于弯曲方向的侧面,否则弯曲时容易造成从焊缝处开裂)。

2) 用脚踏住管子,手适当用力扳动弯管器手柄,使管子稍有弯曲,再逐点依次移动弯头,每移动一个位置,扳弯一个弧度,直至将管子弯成所需要的形状。

(6) 顶拔器的使用

以液压 3 爪顶拔器为例,说明其操作要领。

1) 应根据被拉物体的外径、拉出距离及负载大小,选择相当吨位的液压顶拔器,切忌超载使用。

2) 使用时先把手柄的开槽端套入回油阀杆,并将回油阀杆按顺时针方向旋紧。

3) 调整钩爪座使爪钩抓住所拉物体。

4) 将手柄插入搬手孔内来回搬动活塞可使起动杆向前平稳前进,此时爪钩相应后退,把被拉物体拉出。

5) 液压顶拔器的活塞起动杆有效距通常只有 50 mm,故使用时伸出的距离不得大于 50 mm。当没有拉出时,应暂停操作手柄,松开回油阀门,让活塞起动杆缩回去,调好后再重复前面的步骤,直到拉出为止。

在使用时要注意,为防止超载引起机具损坏,液压装置内设有超载自动卸荷阀。被拉物体超过额定卸载时,超荷阀会自动卸荷,应选用更大吨位的液压顶拔器。新购或久置的液压顶拔器，因液压缸内存有较多空气，开始使用时，活塞杆可能出现微小的突跳现象，可将液压顶拔器空载往复运动几次，排除腔内的空气。对于长期闲置的顶拔器，由于密封件长期不工作而造成密封件的硬化，所以顶拔器在不用时，每月要将顶拔器空载往复运动几次。

【任务实施】

1. 技能训练前的检查与准备

1）确认试验安装环境符合维修电工操作的要求。
2）准备好技能训练任务所需器材。
3）确认技能训练任务所需器材性能是否良好。
4）熟悉技能训练内容，熟悉操作工艺流程。

2. 技能训练实施步骤

1）了解试验设备装配工艺和装配方法，制定装配工艺流程。
2）将试验设备及其配件放在操作台上，将装配工具摆放在合适位置。
3）按照装配工艺流程，使用常用工具对试验设备进行拆装训练。
4）对装配好的试验设备进行测试。
5）反复练习，并总结技能，理解和熟悉维修电工常用工具的操作要领。

3. 清理现场和整理器材

训练完成后，清理现场，整理好所用器材、工具，按照要求放置到规定位置。

4. 考核要点

1）检查是否按照要求正确使用各种电工常用工具。
2）是否时刻注意遵守安全操作规定，操作是否规范。
3）能否正确拆装试验设备，测量方法是否正确。

根据以上考核要点对学生进行逐项成绩评定（表1-1），给出该任务的综合实训成绩。

表1-1 实训成绩评定表

任务内容	分值/分	考核要点及评分标准	扣分/分	得分/分
维修电工常用工具的操作训练	80	未按正确的操作要领操作，每处扣5分		
		拆装流程顺序有错误，每错1次扣10分		
		测量过程出现错误，每错1次扣5分		
安全、规范操作	10	每违规1次扣2分		
整理器材、工具	10	未将器材、工具等放到规定位置，扣5分		
合计				

【考核与评价】

考核与评价内容见表 1-2。

表 1-2 考核与评价

考核点 (所占比例)	建议考核方式	评价标准			
		优	良	中	及格
常用电工工具的使用	教师评价、学生互评	熟练使用电工工具	掌握电工工具的用法	会使用电工工具	基本会使用电工工具

任务 1.2　常用电工仪表的使用

【任务目标】

掌握几种常用电工仪表的使用方法。

【任务描述】

几种常用仪表的使用。

【知识准备】

1.2.1　电流表和电压表

1. 电流表

用来测量电路中电流大小的仪表叫电流表。可分为直流电流表和交流电流表。常用的直流电流表是 1C2-A，它是磁电系仪表（又叫动圈式），图 1-18 所示为磁电系仪表的内部结构。

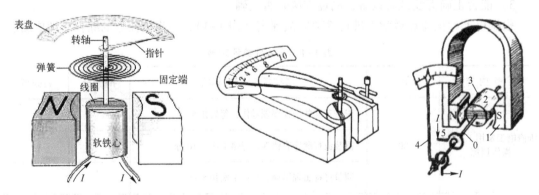

图 1-18　磁电系仪表（直流表）内部结构示意图

0—轴　1—极掌　2—圆柱形铁心　3—线圈　4—指针　5—螺旋弹簧　I—引进和流出线圈的电流

使用中的注意事项：

1) 使用时串接于电路中，要求电流表的内阻尽量小，以提高仪表的准确性。
2) 使用直流表时还要注意极性的选择，"+""-"不可用错，以免指针反偏，损坏表头。

直流电流表的优缺点：
- 由于指针的偏转角度与电流的大小成正比，所以仪表盘上刻度均匀。
- 由于被测电流要通过游丝，所以过载能力差。
- 由于磁场强、电流小，所以准确度高、灵敏度高、功耗小。

常用的交流表是 1T1-A，它是电磁系仪表（又叫动铁式）。图 1-19 所示为电磁系仪表测量机构。

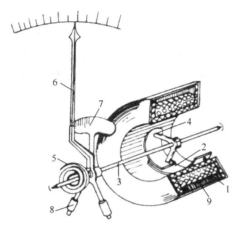

图 1-19 电磁系仪表（交流表）内部结构示意图
1—固定线圈 2—游丝 3—转轴 4—可动线圈 5—螺旋弹簧 6—指针
7—刻度 8—空气阻尼器 9—磁屏蔽

交流电流表的优缺点：
- 由于指针的偏转角度与被测电流的平方成正比，所以盘面上刻度不均匀。
- 电磁系仪表结构简单、成本低、应用广。
- 由于被测电流直接通过固定线圈，可以通过较大的电流，因此过载能力强。
- 由于结构上的原因，会产生一定的误差。

常用电流表见图 1-20。

图 1-20 常用电流表

2. 电压表

测量电路中两点间电位差的仪表叫电压表。使用时并接于被测电路的两端，要求电压表内阻尽量大，以提高测量的准确性。可分为直流电压表和交流电压表。常用的直流电压表是1C2-V，它是磁电系仪表。使用直流电压表时要注意仪表的极性，以免指针反偏。常用的交流电压表是1T1-V，它是电磁系仪表。常用电压表见图1-21。

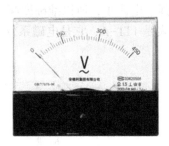

图1-21 常用电压表

1.2.2 万用表

万用表是一种多用途、多量限的携带式仪表，如图1-22所示。一般电力工程中万用表用于测量直流电流、直流电压、交流电压、电阻、音频电平等。电子工程中万用表还用于测量电容、电感、晶体管的hFE值等。

图1-22 万用表

万用表的结构是由表头（磁电系测量机构）、测量线路、功能与量限选择开关三部分组成。万用表的型号分为如下两个系列。

- MF系列：电工型指针式万用表，如MF30和MF47等。
- DT系列：电子型数字式万用表，如DT830和DT9205等。

（1）模拟式万用表

模拟式万用表的型号繁多，图1-23为常用的MF47型万用表的外形。

1）使用前的检查与调整。在使用万用表进行测量前，应进行下列检查、调整：

① 外观应完好无损，当轻轻摇晃时，指针应摆动自如。

② 旋动转换开关，应切换灵活且无卡阻，挡位应准确。

③ 水平放置万用表，转动表盘指针下面的机械调零旋钮，使指针对准标度尺左边的0位线。

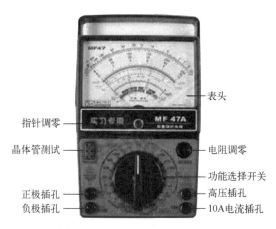

图 1-23 MF47 型万用表面板图

④ 测量电阻前应进行电调零（每换挡一次，都应重新进行电调零）。即将转换开关置于欧姆挡的适当位置，两支表笔短接，旋动欧姆调零旋钮，使指针对准欧姆挡标度尺右边的 O 位线。如指针始终不能指向 O 位线，则应更换电池。

⑤ 检查表笔插接是否正确。黑表笔应接"-"极或"﹡"插孔，红表笔应接"+"。

⑥ 检查测量机构是否有效，即应用欧姆挡，短时碰触两表笔，指针应偏转灵敏。

2）直流电阻的测量。

① 首先应断开被测电路的电源及连接导线。若带电测量，将损坏仪表；若在电路中测量，将影响测量结果。

② 合理选择量程挡位，以指针居中或偏右为最佳。测量半导体器件时，不应选用 R×1 挡和 R×10 k 挡。

③ 测量时表笔与被测电路应接触良好，双手不得同时触及表笔的金属部分，以防将人体电阻并入被测电路造成误差。

④ 正确读数并计算出实测值。

注意事项：切不可用欧姆挡直接测量微安表头、检流计、电池内阻。

3）电压的测量。

① 测量电压时，表笔应与被测电路并联。

② 测量直流电压时，应注意极性。若无法区分正、负极，则先将量程选在较高挡位，用表笔轻触电路，若指针反偏，则调换表笔。

③ 合理选择量程。若被测电压无法估计，先应选择最大量程，视指针偏摆情况再作量程范围的调整。

④ 测量时应与带电体保持安全间距，手不得触及表笔的金属部分。测量高电压时（500～2500 V），应戴绝缘手套且站在绝缘垫上使用高压测试笔进行。

4）电流的测量。

测量电流时，应与被测电路串联，且不可并联！测量直流电流时，应注意极性。合理选择量程。测量较大电流时，应先断开电源然后再撤表笔。

5）注意事项：

● 测量过程中不得换挡。读数时，应三点（眼睛、指针、指针在刻度中的影子）成一线。
- 根据被测对象,正确读取标度尺上的数据。测量完毕应将转换开关置空挡、OFF 挡或电压最高挡。若长时间不用,应取出内部电池。

(2) 数字式万用表

数字式万用表具有测量精度高、显示直观、功能全、可靠性好、小巧轻便以及便于操作等优点。

1) 面板结构与功能。

图 1-24 为 DT 830 型数字式万用表的面板图,包括 LCD 液晶显示屏、电源开关、量程选择开关、表笔插孔等。

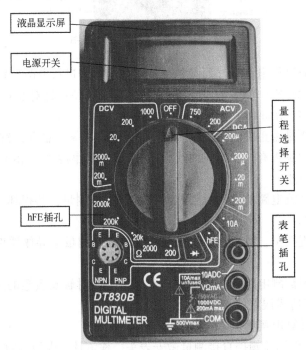

图 1-24　DT 830 型数字式万用表

液晶显示屏最大显示值为 1999,且具有自动显示极性功能。若被测电压或电流的极性为负,则显示值前将带"-"号。若输入超量程时,显示屏左端出现"1"或"-1"的提示字样。

根据需要,电源开关(POWER)可分别置于"ON"(开)或"OFF"(关)状态。测量完毕,应将其置于"OFF"位置,以免空耗电池。数字式万用表的电池盒位于后盖的下方,采用 9 V 叠层电池。电池盒内还装有熔丝管,以起过载保护作用。旋转式量程开关位于面板中央,用以选择测试功能和量程。若用表内蜂鸣器作通断检查时,量程开关应置于标有"·)))"符号的位置。

hFE 插孔用以测量晶体管的 hFE 值时,需要将三极管的其 b、c、e 极插入相应的插孔。

输入插孔是万用表通过表笔与被测量连接的部位,设有"COM""V·Ω""mA""10 A" 4 个插口。使用时,黑表笔应置于"COM"插孔,红表笔依被测种类和大小被置于"V·Ω" "mA"或"10 A"插孔。在"COM"插孔与其他 3 个插孔之间分别标有最大(max)测量值，如 10 A、200 mA、交流 750 V、直流 1000 V。

2）使用方法。

测量交、直流电压（ACV、DCV）时，红、黑表笔分别接"V·Ω"与"COM"插孔，旋动量程选择开关至合适位置（200 mV、2 V、20 V、200 V、700 V 或 1000 V），红、黑表笔并接于被测电路（若是直流，注意红表笔接高电位端，否则显示屏左端将显示"—"）。此时显示屏显示出被测电压数值。若显示屏只显示最高位"1"，表示溢出，应将量程调高。

测量交、直流电流（ACA、DCA）时，红、黑表笔分别接"mA"（大于 200 mA 时应接"10 A"）与"COM"插孔，旋动量程选择开关至合适位置（2 mA、20 mA、200 mA 或 10 A），将两表笔串接于被测回路（直流时，注意极性），显示屏所显示的数值即为被测电流的大小。

测量电阻时，无须调零。将红、黑表笔分别插入"V·Ω"与"COM"插孔，旋动量程选择开关至合适位置（200、2 k、200 k、2 M、20 M），将两笔表跨接在被测电阻两端（注意：不得带电测量），显示屏所显示数值即为被测电阻的数值。当使用 200 MΩ 量程进行测量时，先将两表笔短路，若该数不为零，仍属正常，此读数是一个固定的偏移值，实际数值应为显示数值减去该偏移值。

进行二极管和电路通断测试时，红、黑表笔分别插入"V·Ω"与"COM"插孔，旋动量程开关至二极管测试位置。正向情况下，显示屏即显示出二极管的正向导通电压，单位为 mV（锗管应在 200～300 mV 之间，硅管应在 500～800 mV 之间）；反向情况下，显示屏应显示"1"，表明二极管不导通，否则，表明此二极管反向漏电流大。正向状态下，若显示"000"，则表明二极管短路，若显示"1"，则表明断路。在用来测量线路或器件的通断状态时，若检测的阻值小于 30 Ω，则表内发出蜂鸣声以表示线路或器件处于导通状态。

进行晶体管测量时，旋动量程选择开关至"hFE"位置（或"NPN"或"PNP"位置），将被测晶体管依 NPN 型或 PNP 型将 b、c、e 极插入相应的插孔中，显示屏所显示的数值即为被测晶体管的"hFE"参数。

进行电容测量时，将被测电容插入电容插座，旋动量程选择开关至"CAP"位置，显示屏所示数值即为被测电荷的电荷量。

3）注意事项：
- 当显示屏出现"LOBAT"或"←"时，表明电池电压不足，应予更换。
- 若测量电流时，没有读数，应检查熔丝是否熔断。
- 测量完毕，应关上电源；若长期不用，应将电池取出。
- 不宜在日光及高温、高湿环境下使用与存放（工作温度为 0～40℃，温度为 80%），使用时应轻拿轻放。

1.2.3　钳形表

1. 使用方法

钳形表的基本功能是测量交流电流，虽然准确度较低（通常为 2.5 级或 5 级），但因在测量时无须切断电路，因而使用仍很广泛，如图 1-25 所示。如需进行直流电流的测量，则应选用交、直流两用钳形表。

 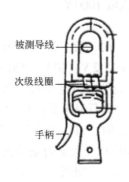 

图 1-25　钳形表

使用钳形表测量前,应先估计被测电流的大小以合理选择量程。使用钳形表时,被测载流导线应放在钳口内的中心位置,以减小误差;钳口的结合面应保持接触良好,若有明显噪声或表针振动厉害,可将钳口重新开合几次或转动手柄;在测量较大电流后,为减小剩磁对测量结果的影响,应立即测量较小电流,并把钳口开合数次;测量较小电流时,为使该数较准确,在条件允许的情况下,可将被测导线多绕几圈后再放进钳口进行测量(此时的实际电流值应为仪表的读数除以导线的圈数)。

使用时,将量程开关转到合适位置,手持胶木手柄,用食指紧紧勾住铁心开关,便于打开铁心。将被测导线从铁心缺口引入到铁心中央,然后放松食指,铁心即自动闭合。被测导线的电流在铁芯中产生交变磁通,表内感应出电流,即可直接读数。

在较小空间内(如配电箱等)测量时,要防止因钳口的张开而引起相间短路。

2. 注意事项

- 使用前应检查外观是否良好,绝缘有无破损,手柄是否清洁、干燥。
- 测量时应戴绝缘手套或干净的线手套,并注意保持安全间距。
- 测量过程中不得切换挡位。
- 钳形电流表只能用来测量低压系统的电流,被测线路的电压不能超过钳形表所规定的使用电压。
- 每次测量只能钳入一根导线。
- 若不是特别必要,一般不测量裸导线的电流。
- 测量完毕应将量程开关置于最大挡位,以防下次使用时,因疏忽大意而造成仪表的意外损坏。

1.2.4　兆欧表

1. 选用

兆欧表(图 1-26)的选用主要考虑两个方面:一是电压等级,二是测量范围。

测量额定电压在 500 V 以下的设备或电路的绝缘电阻时,可选用 500 V 或 1000 V 的兆欧表;测量额定电压在 500 V 以上的设备或线路的绝缘电阻时,可选用 1000

图 1-26　兆欧表

~2500V 的兆欧表；测量瓷瓶时，应选用 2500~5000V 的兆欧表。

兆欧表测量范围的选择主要考虑两点：一方面，测量低压电气设备的绝缘电阻时可选用 0~200MΩ 的兆欧表，测量高压电气设备或电缆时可选用 0~2000MΩ 兆欧表；另一方面，因为有些兆欧表的起始刻度不是零，而是 1MΩ 或 2MΩ，这种仪表不宜用来测量处于潮湿环境中的低压电气设备的绝缘电阻，因其绝缘电阻可能小于 1MΩ，造成仪表上无法读数或读数不准确。

2. 兆欧表的正确使用

兆欧表上有 3 个接线柱，两个较大的接线柱上分别标有 E（接地）、L（线路），另一个较小的接线柱上标有 G（屏蔽）。其中，L 接被测设备或线路的导体部分，E 接被测设备或线路的外壳或大地，G 接被测对象的屏蔽环（如电缆壳与芯之间的绝缘层上）或不需测量的部分。兆欧表的常见接线方法如图 1-27 所示。

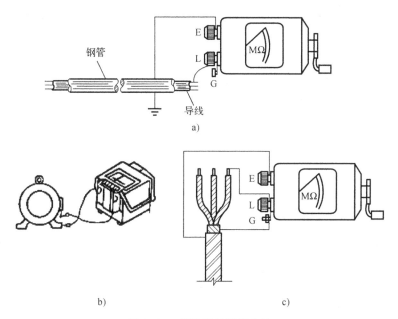

图 1-27 兆欧表的接线方法
a) 兆欧表接带电导体的方法　b) 兆欧表接电动机的方法　c) 兆欧表接电缆的方法

测量前，要先切断被测设备或线路的电源，并将其导电部分对地进行充分放电。用兆欧表测量过的电气设备，也须进行接地放电，才可再次测量或使用。

再次，要先检查仪表是否完好：将接线柱 L、E 分开，由慢到快摇动手柄约 1min，使兆欧表内发电机转速稳定（约 120r/min），指针应指在"∶"处；再将 L、E 短接，缓慢摇动手柄，指针应指在"O"处。

测量时兆欧表应水平放置平稳。测量过程中，不可用手去触及被测物的所需测量部分，以防触电。兆欧表的操作方法、摇表的操作方法见图 1-28 所示。

3. 注意事项

- 仪表与被测物间的连接导线应采用绝缘良好的多股铜芯软线，而不能用双股绝缘线或绞线，且连接线间不得缠在一起，以免造成测量数据不准。

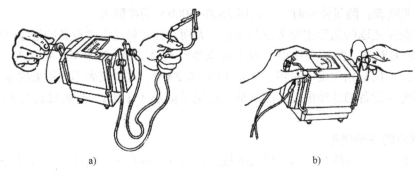

图 1-28 兆欧表的操作方法
a) 校正时表的操作方法 b) 测量时表的操作方法

- 手摇发电机要保持匀速,不可忽快忽慢地使指针不停地摆动。
- 测量过程中,若指针为零,说明被测物的绝缘层可能击穿短路,此时应停止继续摇动手柄。
- 测量具有大电容的设备时,读数后不得立即停止手柄的摇动,否则已充电的电容将对兆欧表放电,有可能烧坏仪表。
- 温度、湿度、被测物的有关状况等对绝缘电阻的影响较大,为便于分析和比较,记录数据时应标注上述情况。

【任务实施】

1. 技能训练前的检查与准备

1) 确认试验安装环境符合维修电工操作的要求。
2) 准备好技能训练任务所需器材。
3) 确认技能训练任务所需器材性能是否良好。
4) 熟悉技能训练内容,熟悉操作工艺流程。

2. 技能训练实施步骤

1) 了解试验设备装配工艺和装配方法,制定装配工艺流程。
2) 将试验设备及其配件放在操作台上,将装配工具摆放在合适位置上。
3) 按照装配工艺流程,使用常用工具、仪表对试验设备进行拆装训练。
4) 对装配好的试验设备进行测试。
5) 反复练习,并总结技能,理解和熟悉维修电工常用仪表的操作要领。

3. 清理现场和整理器材

训练完成后,清理现场,整理好所用器材、工具,按照要求放置到规定位置。

4. 考核要点

1) 检查是否按照要求正确使用各种电工常用仪表。
2) 是否时刻注意遵守安全操作规定,操作是否规范。

根据以上考核要点对学生进行逐项成绩评定,见表 1-3,给出该任务的综合实训成绩。

表1-3 实训成绩评定表

任务内容	分值/分	考核要点及评分标准	扣分/分	得分/分
维修电工常用仪表的操作训练	80	未按正确的操作要领操作,每处扣5分		
		拆装流程顺序有错误,每错1次扣10分		
		测量过程出现错误,每错1次扣5分		
安全、规范操作	10	每违规1次扣2分		
整理器材、工具	10	未将器材、工具等放到规定位置,扣5分		
合计				

【考核与评价】

考核与评价内容见表1-4。

表1-4 考核与评价

考核点（所占比例）	建议考核方式	评价标准			
		优	良	中	及格
常用电工仪表的使用	教师评价、学生互评	熟练使用仪表	掌握仪表的用法	会使用电工仪表	基本会使用万用表

任务1.3 常用低压电器的识别

【任务目标】

掌握交流接触器、组合开关、三联按钮的结构、基本工作原理、作用、应用场合、主要技术参数、典型产品、图形符号和文字符号并能对其进行拆装。

【任务描述】

交流接触器和三联按钮的原理及拆装。
职业能力要点：
1. 熟练掌握各器件的结构、工作原理、选用原则及图形和文字符号，并能按图接线。
2. 会用万用表对器件进行故障判断。
职业素质要求：工具摆放合理，操作完毕后及时清理工作台，并填写使用记录。

【知识准备】

1.3.1 低压开关

1. 低压电器的作用与分类

（1）低压电器的定义

电器是一种能够根据外界信号的要求，自动或手动地接通或断开电路，断续或连续地改变电路参数，实现电路或非电对象的切换、控制、保护、检测、变换和调节作用的电气设备。低压电器通常是指工作在交流额定电压 1200 V 以下、直流额定电压 1500 V 及以下的电路中起通断、保护、控制或调节作用的电气设备。

（2）低压电器的分类

1）按动作方式分。

① 手动电器：如刀开关、按钮等。

② 自动电器：如接触器、继电器等。

2）按用途分。

① 低压控制电器：如刀开关、低压断路器等。

② 低压保护电器：如熔断器、热继电器。

3）按工作原理分。

① 电磁式电器：依据电磁感应原理工作。

② 非电量控制电器：靠外力或某种非电物理量的变化而动作。

4）按执行功能分。

① 有触点电器：有可分离的动触点、静触点，并利用触点的接通和分断来切换电路。

② 无触点电器：没有可分离的触点，主要利用电子元件的开关效应，即导通和截止来实现电路的通、断控制。

2. 电磁式低压电器

电磁式低压电器基本组成分为感测部分和执行部分。

① 感测部分：接收外界输入的信号，并通过转换、放大、判断，做出有规律的反应。

② 执行部分：根据指令信号，输出相应的指令，执行电路的通、断控制，实现控制目的。

对于电磁式低压电器，感测部分是电磁机构，而执行部分则是触点系统。

（1）电磁机构

电磁机构是电磁式低压电器的重要组成部分之一，其作用是将电磁能转换成机械能，带动触点闭合或断开，实现对电路的通、断控制。

1）电磁机构的结构及工作原理。

电磁机构由吸引线圈、铁心（静铁心）、衔铁（动铁心）、铁轭和空气隙等部分组成。其中线圈、铁心是静止不动的，只有衔铁是可动的。其作用原理是：当线圈中有电流通过时，产生电磁吸力，电磁吸力克服弹簧的反作用力，使衔铁与铁心闭合，衔铁带动连接机构运动，从而带动相应触点动作，完成通、断电路的控制作用。常用的电磁机构结构如图 1-29 所示。

电磁铁按吸引线圈通电电流的性质不同可分为直流电磁铁与交流电磁铁。直流电磁铁铁心由整块铸铁铸成，而交流电磁铁的铁心则用硅钢片叠成，以减小铁损（磁滞损耗及涡流损耗）。实际应用中，由于直流电磁铁仅有线圈发热，所以线圈匝数多、导线细，制成细长形，且不设线圈骨架，线圈与铁心直接接触，利于线圈的散热。而交流电磁铁由于铁芯和线圈均发热，所以线圈匝数少、导线粗，制成短粗形，吸引线圈设有骨架，且铁心与线圈隔离，利于铁心和线圈的散热。

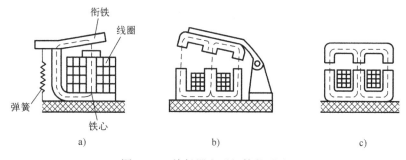

图 1-29 接触器电磁机构的形式
a）衔铁绕棱角转动拍合式　b）衔铁绕轴转动拍合式　c）衔铁直线运动式

2）电磁机构的特性。

① 吸力特性：电磁机构的电磁吸力与气隙的关系曲线称为吸力特性。直流和交流电磁机构的吸力特性如图 1-30 和图 1-31 所示。

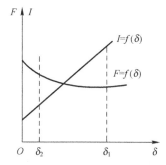　　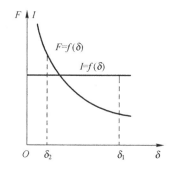

图 1-30　交流电磁机构的吸力特性　　　　图 1-31　直流电磁机构的吸力特性

② 反力特性：电磁机构的反作用力与气隙的关系曲线称为反力特性。反作用力包括弹簧力、衔铁自身重力、摩擦阻力等。其与吸力特性的对比如图 1-32 所示。

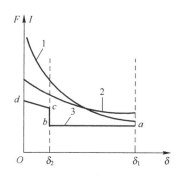

图 1-32　吸力特性和反力特性
1—直流电磁机构的吸力特性　2—交流电磁机构的吸力特性　3—反力特性

③ 吸力特性与反力特性的配合：吸力特性与反力特性适当配合的原则是在保证衔铁产生可靠吸合动作的前提下尽量减少衔铁和铁心柱端面间的机械磨损和触点的电磨损。为此，在整个吸合过程中，吸力都应大于反作用力，即吸力特性曲线高于反力特性曲线，但不能过大或过小。吸力过大，会产生很大的冲击力，使衔铁与铁心柱端面造成严重的

机械磨损。此外，过大的冲击力有可能使触点产生弹跳现象，从而导致触点的熔焊或烧损，也就会引起严重的电磨损，缩短触点的使用寿命；吸力过小，可能使衔铁无法吸合而导致线圈严重过热乃至烧坏，即使衔铁能够吸合也会使衔铁运动速度降低，难以满足高频率操作的要求。

在实际应用中，可通过调整释放弹簧或触点初压力来改变反力特性，使之与吸力特性有良好的配合。

(2) 触点系统

触点的接触形式有点接触、线接触和面接触三种，如图 1-33 所示。

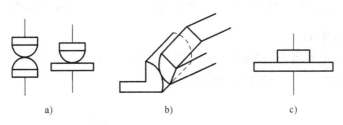

图 1-33 触点的三种接触形式
a) 点接触 b) 线接触 c) 面接触

(3) 低压电器的主要技术参数

1) 额定工作电压：指在规定条件下，能保证电器正常工作的电压值。一般指触点额定电压值。电磁式电器还规定了电磁线圈的额定工作电压。

2) 额定工作电流：根据电器的具体使用条件确定的电流值，它和额定电压、电网频率、额定工作值、使用类别、触点寿命及防护参数等因素有关，同一个开关电器使用条件的不同决定了其额定工作电流值也不同。

3) 通断能力：是以控制规定的非正常负载时所能接通和断开的电流值来衡量。接通能力是指开关闭合时不会造成触点发生熔焊的能力；断开能力是指开关断开时能可靠灭弧的能力。

4) 寿命：低压电器的寿命包括机械寿命和电寿命。

5) 结构：一般为非自动电器，如刀开关、转换开关、低压断路器等。

1.3.2 刀开关

刀开关是低压配电电器中结构最简单、应用最广泛的电器，主要用在低压成套配电装置中，用于不频繁地手动接通和分断交、直流电路或作隔离开关用。也可以用于不频繁地接通与分断额定电流以下的负载，如小型电动机等。

刀开关由手柄、触刀、静插座和底板组成。为了使用方便和减少体积，往往在刀开关上安装熔丝或熔断器，组成兼有通断电路和保护作用的开关电器，如开启式负荷开关、封闭式负荷开关、熔断器式刀开关等。

(1) 开启式负荷开关

开启式负荷开关举例如图 1-34 所示。

刀开关在安装时，手柄要向上，不得倒装或平装，避免由于重力自动下落，引起误动合

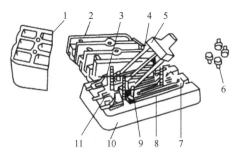

图 1-34 HK 系列胶底瓷盖刀开关

1—上胶盖 2—下胶盖 3—插座 4—触刀 5—瓷柄 6—胶盖紧固螺母
7—出线座 8—熔丝 9—触刀座 10—瓷底板 11—进线座

闸。接线时,应将电源线接在上端,负载线接在下端,这样拉闸后刀开关的刀片与电源隔离,既便于更换熔丝,又可防止可能发生的意外事故。

(2) 封闭式负荷开关(俗称铁壳开关)

主要由刀开关、熔断器、灭弧装置、操作机构和金属外壳构成,如图 1-35 所示。三相动触刀被固定在一根绝缘的方轴上,通过操作手柄操纵。

图 1-35 封闭式负荷开关的外形及结构图

a) 外形 b) 外形 c) 结构

1—触刀 2—夹座 3—熔断器 4—速断弹簧 5—转轴 6—手柄

常用的有 HH3 系列、HH4 系列。HH3 系列有单相(100、200 A)和三相(100、200 A)两种。

HH4 系列有单相(15、30、60、100 A)和三相(15、30、60、100 A)两种。

其中,HH4 位全国统一设计产品,封闭式负荷开关的操作结构有两个特点:一是采用储能合闸方式,即利用一根弹簧以执行合闸和分闸之功能,使开关的闭合和分断时的速度与操作速度无关。它既有助于改善开关的动作性能和灭弧性能,又能防止触点滞留在中间位置;二是设有联锁装置,以保证开关合闸后便不能打开箱盖,而在箱盖打开后不能再合开关。

刀开关在选择及使用时的注意事项:

- 选择时若动力用电需按3倍的额定电流选 HK、HH 系列开关,若照明用电则大于或等于额定电流即可。
- 使用时,应垂直安装,合闸时手柄向上,不允许倒装或平装;作电动机的控制开关时,限控 5kW 以下的电动机,且需在开关上口另加熔断器作短路保护,原开关的熔丝部分用铜丝短接,且要断开闸刀换熔丝。

(3) 熔断器式刀开关

熔断器式刀开关又称刀熔开关,是刀开关与熔断器组合而成的开关电器。采用这种刀开关,可以简化配电装置的结构,目前广泛用于低压动力配电柜中。

熔断器式刀开关的图形符号及文字符号如图 1-36 所示。

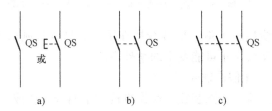

图 1-36 熔断器式刀开关的图形符号及文字符号
a) 单极 b) 双极 c) 三极

(4) 倒顺开关

它是专为控制小容量电动机的正反转而设计的,如:HZ3-132 型组合开关,如图 1-37 所示。

图 1-37 倒顺开关

倒顺开关使用时的注意事项如下:

① 其额定电流应大于电动机额定电流的 1.5~2.5 倍。

② 安装在箱体内,手柄应置于箱体的前面或侧面,手柄的水平位置应是断开位置,外壳接地。

③ 安装在箱内时,应置于箱内的右上方,它的上方不应安装电器,否则应采取隔离或绝缘措施。

④ 安装时应注意开关内有换相的标记,不要发生短路。

(5) 刀开关的型号

刀开关型号及含义如图 1-38 所示。

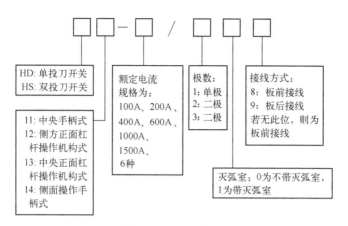

图 1-38 刀开关型号

1.3.3 组合开关

组合开关又称转换开关，是一种多触点、多位置式可控制多个回路的电器。组合开关主要用作电源引入开关，或用以控制 5 kW 以下小容量电动机的直接起动、停止、换向，每小时通断的换接次数不宜超过 20 次。组合开关也是一种刀开关，它的刀片（动触片）是转动的，比刀开关轻巧而且组合性强，能组合成各种不同的线路。一般用于电气设备中非频繁地通断电路、换接电源和负载，测量三相电压以及控制小容量感应电动机。组合开关的选用应根据电源的种类、电压等级、所需触头数及电动机的容量选用，组合开关的额定电流应取电动机额定电流的 1.5~2 倍。

（1）组合开关的结构

组合开关的结构和外形如图 1-39 所示。

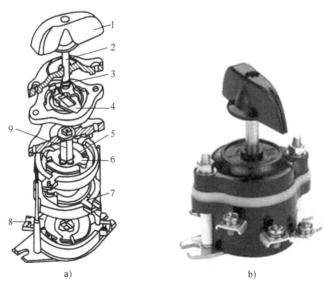

图 1-39 组合开关结构和外形示意图
a）结构 b）外形
1—手柄 2—转轴 3—弹簧 4—凸轮 5—绝缘垫板 6—动触点 7—静触点 8—接线柱 9—绝缘方轴

（2）组合开关的型号及含义

组合开关的型号及含义如图 1-40 所示。

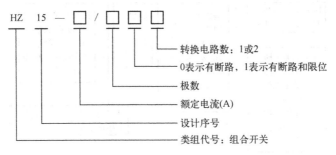

图 1-40　组合开关的型号及含义

（3）组合开关的电气符号

组合开关在电路中表示方法有两种：一种是结合通断表的触点状态图，另一种与手动刀开关图形符号相似，但文字符号不同。其相应电气符号如图 1-41 所示。

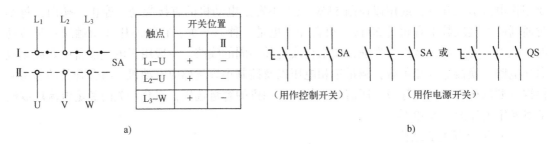

图 1-41　组合开关的电气符号
a）触点状态图及通断表　b）文字符号及图形符号

1.3.4　自动空气开关（低压断路器）

自动空气开关又名低压断路器，是具有一种或多种保护功能的保护电器，同时又具有开关功能，故常被称之为自动空气开关、自动空气断路器、自动开关。

自动空气开关可以集多种保护于一身，除能完成接通和分断电路外，还能对电路或电器设备发生的短路、过载、失压等故障进行保护。它的动作参数可根据用电设备的要求人为地进行调整，使用方便可靠。按结构不同，自动空气开关可分为盒式和框架式两种。

1. 自动空气开关的技术参数和型号

主要技术参数有额定电压、额定电流、极数、脱扣器类型、脱扣器整定电流、主触点和辅助触点的分断能力和动作时间等。

自动空气开关的型号及含义如图 1-42 所示。

自动空气开关的图形符号如图 1-43 所示。

DZ5 系列额定电流为 10~50A，其实物如图 1-44 所示。

DZ10 系列额定电流等级为 100A、250A、600A 三种，其实物如图 1-45 所示。

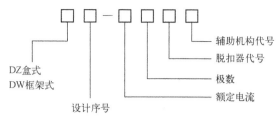
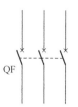

图 1-42 自动空气开关型号及含义　　　　图 1-43 自动空气开关的图形符号

图 1-44　DZ5 系列空气开关

图 1-45　DZ10 系列自动空气开关

2. 盒式自动空气开关操作手柄的三个位置

① 合闸位置：手柄向上，跳钩被锁扣扣住，主触点闭合。

② 自由脱扣位置：跳钩被释放（脱扣），手柄移至中间位置，触点断开。

③ 分闸位置：手柄扳向下边，由自由脱扣位置转为再扣位置，为下次合闸做准备。断路器自动跳闸后，必须将手柄扳向再扣位置，否则闸将合不上。

3. 自动空气开关的选择

① 额定电压、额定电流应不小于电路的正常工作电压和计算负荷电流。

② 热脱扣器整定电流等于负载额定电流。

③ 电磁脱扣器的瞬时脱扣整定电流应大于负载正常工作时可能出现的峰值电流。用于

控制单台电动机的断路器，其瞬时脱扣整定电流为电动机起动电流的 1.5～1.7 倍；多台电动机的电磁脱扣整定电流为（1.5～1.7）[某台电动机的起动电流的最大值+其余电动机的电流之和]。

④ 欠压脱扣器的额定电压应等于被保护电路的额定电压。

⑤ 极限分断能力应大于电路最大短路电流。

4. 安装和使用

① 垂直安装，上口接电源，下口接负载。

② 做电源开关或作电动机的控制开关时，在其上应加装刀开关或熔断器，以形成明显的断点。

③ 使用前应将脱扣器的工作面的防锈油脂擦干净，脱扣器的整定值一经整定好，就不得随意变动，以免影响其动作的准确性

④ 工作中如遇分断短路电流，应及时检查触头，如有灼伤、烧伤，应及时维修更换。

⑤ 定期除尘，检查脱扣器的动作值，给操作机构加油。

1.3.5 接触器

接触器是用于远距离频繁地接通或断开交（直）流主电路及大容量控制电路的一种自动切换电器，通用性很强，主要用来控制电动机，也可控制电容器、电阻炉和照明器具等电力负载。根据接触器主触点通过电流的种类，可分为交流接触器和直流接触器。按其主触点的极数还可分为单极、双极、三极、四极和五极等多种。

1. 交流接触器

交流接触器主要由触点系统、电磁机构、灭弧装置和其他部件等组成。其工作原理是：当线圈中有工作电流通过时，在铁心中产生磁通，由此产生对衔铁的电磁力的作用。当电磁吸力克服弹簧的反作用力，使得衔铁与铁心闭合，同时通过传动机构由衔铁带动相应的触头动作。当线圈断电或电压显著降低时，电磁吸力消失或降低，在释放弹簧的反作用力的作用下，衔铁返回，并带动触点恢复到原来的状态。

交流接触器传统型号有 CJ10、CJ12、CJ20。新型号有 CJX1、CJX2、CJ10X 等系列。目前还有从德国 BBC 公司引进的 B 系列，西门子公司引进的 3TB 和 3TD 系列，从法国 TE 公司引进的 LC1-D、LC2-D 系列。现在国产的 CTX1、CTX2 系列小容量交流接触器已经具有 B 系列在安装方式上的特点。

另外还有真空接触器（CJK 系列）、固体接触器（CJW1 系列）等，均在电力拖动系统中得到广泛的应用。

现以 CJ10 为例，其结构特点如图 1-46 所示，实物图如图 1-47 所示。

（1）电磁系统

它由线圈、定铁心、动铁心组成。

线圈由电磁线绕制而成，铁心由硅钢片叠制而成。在静铁心的端面上镶嵌有短路环，其作用是消除接触器运行时的噪声。电磁系统的主要作用是将电磁能量转换成机械能量，带动触点动作，完成通断电路的控制作用。

工作原理：由于交流接触器铁心的磁通是交变的，故当磁通过零时，电磁吸力也为零，吸合后的衔铁在反力弹簧的作用下将被拉开，磁通过零后，电磁力又增大，当吸力大于反力

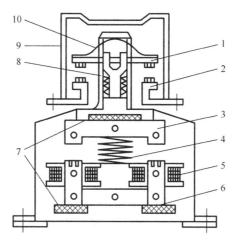

图 1-46　CJ10 交流接触器结构示意图
1—动触点　2—静触点　3—衔铁　4—缓冲弹簧　5—电磁线圈
6—铁心　7—毡垫　8—触点弹簧　9—灭弧罩　10—触点压力簧片

　CJT1-10　　　　　　　CJT1-20　　　　　　　CJX2-09

图 1-47　交流接触器实物图

时，衔铁又被吸合。这样，交流电源频率的变化，使衔铁产生强烈的震动与噪声，甚至使衔铁松散。因此，交流接触器铁心端面上都安装一个铜制的短路环，短路环包围铁心端面约 2/3 的面积，如图 1-48 所示。

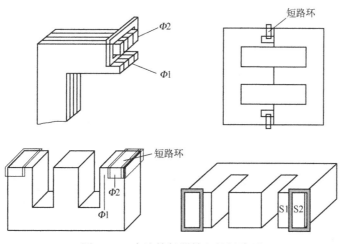

图 1-48　交流接触器铁心的短路环

当交变磁通穿过短路环所包围的截面 S_2 时，短路环中产生涡流，根据电磁感应定律，此涡流产生的磁通 Φ_2 在相位上落后于短路环外铁心截面 S_1 中的磁通 Φ_1，两个磁通有相位差，致使两个电磁吸力 F_1、F_2 也有相位差。那么，作用在衔铁上的电磁吸力为 F_1 与 F_2 的合力，即 F_1+F_2，只要此合力始终大于其反力，衔铁就一直被吸合，不会产生振动与噪声。交流电磁铁启动时，由于铁心气隙大，所以磁阻 R_m 大，根据磁路欧姆定律：

$$\Phi = NI/R_m \qquad NI = \Phi R_m \qquad I = \Phi R_m/N$$

电流与磁阻 R_m 成正比，R_m 大，电流 I 大，R_m 上升，I 上升。所以交流电磁铁通电时电流可达工作电流的十几倍，因此，衔铁如有卡阻现象，线圈将会被烧毁。交流接触器的线圈电压在85%~105%的额定电压时，能可靠地工作，低于此电压，电磁吸力不够，衔铁吸不上，线圈也有可能被烧毁。交流接触器铁心的短路环电磁吸力如图1-49所示。

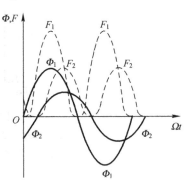

图1-49　交流接触器铁心的短路环中电磁吸力

（2）触点系统

① 分类：按结构可分为静触点和动触点。静触点是固定不动的触点。动触点是在电磁力的作用下与静触点闭合（或分断），在反力弹簧的作用下分断或闭合的触点。

按工作原理可分为：主触点有桥式触点和指式触点两种，它承受负载的额定电压和额定电流。辅助触点可分为常开触点（动合触头）、常闭触点（动断触头），它承受控制电路的额定电压和额定电流。

② 附件：消弧罩、框架等。

③ 字母符号：KM。

④ 图示符号：分为集中画法和分立画法两种画法，如图1-50和图1-51所示。

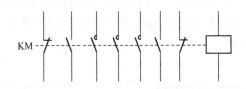

图1-50　接触器图形符号（集中画法）

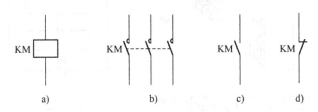

图1-51　接触器图形符号（分立画法）

a）线圈　b）主触点　c）常开辅助触点　d）常闭辅助触点

2. 直流接触器

直流接触器主要用来接通和分断额定电压小于等于440V、电流小于等于1600A的直流电路或频繁地控制直流电动机起动、停止、反转及反接制动。直流接触器的结构和工作原理与交流接触器类似,在结构上也是由触点系统、电磁机构和灭弧装置等部分组成。只不过在铁心的结构、线圈形状、触点形状和数量、灭弧方式等方面有所不同而已。

3. 接触器的主要技术参数

1) 额定电压:指接触器主触点的额定工作电压。
2) 额定电流:指接触器主触点的额定工作电流。
3) 吸引线圈的额定电压。直流线圈常用的电压等级为 24 V、48 V、220 V、440 V 等。交流线圈常用的电压等级为 36 V、127 V、220 V 及 380 V 等。
4) 机械寿命与电气设备寿命。
5) 额定操作频率:指每小时允许的操作次数。
6) 接通与分断能力:指接触器的主触点在规定的条件下,能可靠地接通和分断的电流值。
7) 线圈消耗功率:可分为起动功率和吸持功率。

接触器的型号和含义如图 1-52 所示。

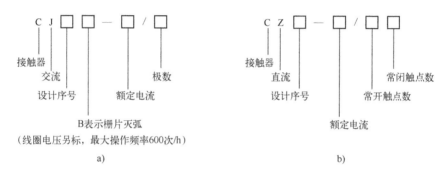

图 1-52 接触器型号和含义
a) 交流接触器的型号 b) 直流接触器的型号

4. 接触器的选用

(1) 接触器类型的选择

接触器的类型应根据电路中负载电流的种类来选择,即交流负载应选用交流接触器,直流负载应选用直流接触器。

(2) 接触器主触点额定电压的选择

被选用的接触器主触点的额定电压应大于或等于负载的额定电压。在确定接触器主触点电流等级时,如果接触器的使用类别与所控制负载的工作任务相对应时,一般应使主触点的电流等级与所控制的负载相当,或者稍大一些。

(3) 接触器主触点额定电流的选择

对于电动机负载,接触器主触点额定电流按式(1-1)计算,即

$$I_N = \frac{P_N \times 10^3}{\sqrt{3}\, U_N \cos\varphi \times \eta} \tag{1-1}$$

在选用接触器时其额定电流应大于公式(1-1)的计算值。也可以根据电气设备手册给出的被控电动机的容量和接触器额定电流对应的数据选择,一般可按 2 倍的额定电流进行选择。

(4) 接触器吸引线圈额定电压的选择

如果控制线路比较简单，所用接触器数量较少，则交流接触器线圈的额定电压一般直接选用 380 V 或 220 V。如果控制线路比较复杂，使用的电器又比较多，为了安全起见，线圈的额定电压可选低一些。直流接触器线圈的额定电压应视控制回路的情况而定。同一系列、同一容量等级的接触器，其线圈的额定电压有几种，可以选线圈的额定电压与直流控制电路的电压一致。有时为了提高接触器的最大操作频率，交流接触器也有采用直流线圈的。

注意：接触器的平均固有吸合时间为 0.05~0.07 s；平均固有断开时间为：0.02~0.05 s。这关系到触点优先使用权的问题，应该注意。

5. 接触器的使用

1) 核对接触器的铭牌数据是否符合要求。

2) 擦净铁心极面上的防锈油，在主触点不带电的情况下，使励磁线圈通、断电数次，检查接触器动作是否可靠。

3) 一般应将接触器安装在垂直面上，其倾斜角不得超过 5°，否则会影响接触器的动作特性。

4) 定期检查各部件，要求可动部分无卡阻、紧固件无松脱、触点表面无污垢、灭弧罩无破损等。

6. 接触器常见故障分析

(1) 吸不上或吸力不足

造成此故障的原因有：电源电压过低或波动大；电源容量不足、断线、接触不良；接触器线圈断线、可动部分被卡住；触点弹簧压力与超程过大；动、静铁心间距太大等。

(2) 不释放或释放缓慢

造成此故障的原因有：触点弹簧压力过小；触点熔焊；可动部分被卡住；铁心极面有油污；反力弹簧损坏等。

(3) 线圈过热或烧损

线圈过热是由于通过线圈的电流过大造成严重的过热甚至烧毁。造成线圈电流过大的原因有：电源电压过高或过低；操作频率过高；衔铁与铁心闭合后有间隙等。

(4) 噪声大

原因有：电源电压过低；触点弹簧压力过大；铁心极面生锈或沾有油污、灰尘；分磁环断裂；铁心极面磨损过度等。

(5) 触点熔焊

原因有：操作频率过高或过负荷使用；负荷侧短路；触点弹簧压力过小；触点表面有突出的金属颗粒或异物；操作回路电压过低或机械卡住触点停顿在刚接触的位置上。

(6) 触点磨损

原因有：元器件间的磨损，是由触点间电弧造成的；机械磨损，是由触点闭合时的撞击、触点表面的相对滑动造成的。

1.3.6 继电器

继电器是一种根据电信号或非电信号的变化来接通或断开小电流（一般小于 5 A）控制电路和电力保护拖动装置中电压的自动控制电器。当继电器的输入量（如电流、电压、温度、压力等）变化到某一定值时继电器动作，其触点便接通和断开控制回路。由于继电器的触点用于控制电路；通断的电流小，所以要求继电器的触点结构简单、反应灵敏准确、动作迅速、工作可靠、坚固耐用、不安装灭弧装置。

虽然继电器与接触器都是用来自动接通或断开电路，但是它们仍然有很多不同之处，其区别主要在于：

1）继电器一般用于控制小电流电路，没有主触点和辅助触点之分，触点额定电流不大于 5 A，所以不加灭弧装置，这样继电器可以做得小巧。而接触器一般用于控制大电流的电路，主触点额定电流不小于 5 A，有的加灭弧装置。

2）继电器可以对各种物理量（电量或非电量）如电压、电流、时间、温度等做出反应，而绝大部分接触器只是在一定电压下工作。

继电器的种类很多，按工作原理可以分为：电磁式继电器，感应式继电器、电动式继电器、电子式继电器等。按输入信号不同可以分为：电流继电器、电压继电器、时间继电器、热继电器以及温度、压力、速度继电器等等。按输出形式可分为：有触点和无触点两类。

常用的继电器有电流继电器、电压继电器、中间继电器、时间继电器、热继电器、速度继电器等。

1. 电磁式电流继电器

电磁式电流继电器的线圈与被测电路串联，用来反映电路中电流的变化，对电路实现过电流和欠电流的保护。为了不影响电路的正常工作，电流继电器的线圈匝数少、导线粗、线圈阻抗小。

电流继电器可分为欠电流继电器和过电流继电器两种。欠电流继电器的吸引电流为线圈额定电流的 30%~65%，释放电流为额定电流的 10%~20%。在电路正常工作时，其衔铁是吸合的，只有当电流降低到某一定值时，继电器释放，输出信号。过电流继电器在电路正常工作时不动作，只有当电流超过某一整定值时才动作，其电流整定范围通常为：1.1~4 倍的额定电流。

电流继电器的图形符号及文字符号如图 1-53 所示。

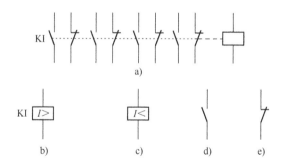

图 1-53 电流继电器的图形符号及文字符号

a）集中式画法 b）过电流继电器线圈 c）欠电流继电器线圈 d）常开触点 e）常闭触点

电流继电器的型号及含义如图 1-54 所示。

2. 电磁式电压继电器

电压继电器是根据线圈两端电压的大小接通或断开电路的电器，它的结构与电流继电器相似，不同的是电压继

图 1-54 电流继电器的型号及含义

电器的线圈与被测电路并联，匝数多、导线细、阻抗大。根据电压继电器动作电压值的不同分为过电压继电器、欠电压继电器、零电压继电器。过电压继电器在电压为额定值的110%～115%以上时动作。欠电压继电器在电压为额定值的40%～70%时动作。零电压继电器当电压降至额定值的5%～25%时动作。

电压继电器的图形符号及文字符号如图1-55所示。

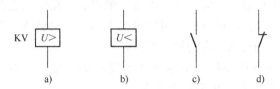

图1-55 电压继电器的图形符号和文字
a) 过电压继电器线圈 b) 欠电压继电器线圈 c) 常开触点 d) 常闭触点

电压继电器的型号及含义如图1-56所示。

图1-56 电压继电器的型号及含义

3. 电磁式中间继电器

中间继电器是将一个输入信号变成多个输出信号的继电器。它的结构和工作原理与接触器完全相同，不同的是中间继电器的容量小，触头数多，动作灵敏，并且无主、辅触头之分。一般使用在控制电路中，令其将一个信号变成多个信号，起中间转换的作用，故名中间继电器。若主电路的电流小，在中间继电器的容量范围之内，也可将中间继电器用于主电路。中间继电器的主要用途是当其他继电器的触点数量或触点容量不够时，可借助它来扩大它们的触点数量或触点容量，起中间的转换作用。

中间继电器主要依据被控制的电压等级、触头的数量、种类及容量来选用。机床上常用的型号有JZ7系列交流中间继电器和JZ8系列交直流两用中间继电器。其图形符号和文字如图1-57所示。

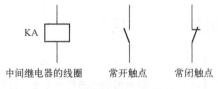

图1-57 中间继电器的图形符号和文字

4. 时间继电器

时间继电器是一种能延时接通或断开电路的电器，在电路中主要控制动作的时间，按照动作原理和结构不同，可以分为电磁式、电动式、空气阻尼式、晶体管式等；按照延时方式可分为通电延时型和断电延时型。这些继电器的延时范围与精度各不相同，差别较大，可获得 0.5s 到数小时的延时。下面介绍几种常用的时间继电器。

(1) 空气阻尼式时间继电器

空气阻尼式时间继电器又称气囊式时间继电器，其工作原理是利用空气的阻尼作用而达到延时目的的。JS7-A 系列是比较常见的空气阻尼式时间继电器，是由电磁系统，触点系统（由两个微动开关构成，包括两对瞬时触点和两对延时触点），空气室及传动机构等部分组成。其结构如图 1-58 所示。

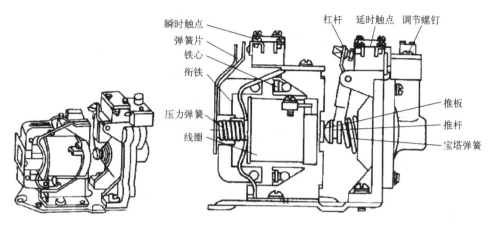

图 1-58 空气阻尼式时间继电器结构

JS7-A 系列空气阻尼式时间继电器的工作原理用图 1-59 来说明。

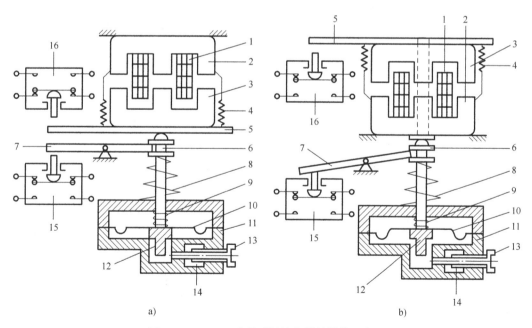

图 1-59 JS7-A 系列时间继电器的结构示意图

a) 为通电延时型　b) 断电延时型

1—线圈　2—铁心　3—衔铁　4—复位弹簧　5—推板　6—活塞杆　7—杠杆　8—塔形弹簧
9—弱弹簧　10—橡皮膜　11—空气室壁　12—活塞　13—调节螺杆　14—进气孔　15、16—微动开关

现以通电延时型 JS7-A 系列时间继电器为例说明工作原理。当线圈 1 通电后，铁心 2 将衔铁 3 吸合（推板 5 使微动开关 16 立即动作），活塞杆 6 在塔形弹簧 8 作用下，带动活塞 12 及橡皮膜 10 向上移动，由于橡皮膜下方气室空气稀薄，形成负压，因此活塞杆 6 不能迅速上移。当空气由进气孔 14 进入时，活塞杆 6 才逐渐上移，移到最上端时，杠杆 7 才使微动开关 15 动作。延时时间即为自电磁铁吸引线圈通电时刻起到微动开关动作时为止的这段时间。通过调节螺杆 13 调节进气孔的大小，就可以调节延时时间。

当线圈 1 断电时，衔铁 3 在复位弹簧 4 的作用下将活塞 12 推向最下端。因活塞被往下推时，橡皮膜下方气室内的空气，依次通过橡皮膜 10、弱弹簧 9 和活塞 12 肩部所形成的单向阀，经上气室缝隙顺利排掉，因此微动开关 15 与 16 无论延时与否都能迅速复位。

将电磁机构翻转 180°安装后，可得到断电延时型时间继电器。它的工作原理与通电延时型时间继电器相似，微动开关 15 是在吸引线圈断电后延时工作的。

空气阻尼式时间继电器使用时应注意：因空气室造成的故障主要是延时不准确。空气室如果密封不严或漏气，就会使延时动作时间缩短或者不能延时。空气室要求很清洁，如果有灰尘进入空气室而造成气孔阻塞，则延时动作时间不准确。

空气阻尼式时间继电器的特点：结构简单、寿命长、价格低廉；其缺点是准确度低，延时误差大，因此适用于延时精度要求不高的场合。

（2）晶体管式时间继电器

晶体管式时间继电器具有延时范围广、体积小、精度高、调节方便以及寿命长等优点，所以应用日益广泛。晶体管式时间继电器常用产品有 JSJ、JSB、JJSB、JS14、JS20 等系列。

晶体管式时间继电器的特点：延时时间较长（几分钟到几十分钟），延时精度比空气阻尼式的好，体积小、机械结构简单、调节方便、寿命长、可靠性强；但延时受电压波动和环境温度变化的影响，抗干扰性差。

（3）时间继电器的文字符号

时间继电器的文字符号为 KT，其电气符号如图 1-60 所示。

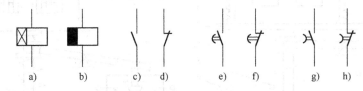

图 1-60 时间继电器电气符号

a）通电延时线圈　b）断电延时线圈　c）瞬动常开触点　d）瞬动常闭触点
e）通电延时闭合常开触点　f）通电延时断开常闭触点　g）断电延时断开常开触点　h）断电延时闭合常闭触点

（4）时间继电器的选择

主要根据控制电路所需延时触点的延时方式、瞬时触点的数目以及使用条件来选择。

5. 热继电器

热继电器是利用电流的热效应原理来切断电路的保护电器，主要适用于电动机的过载保护、断相保护、电流不平衡保护及其他电气设备发热状态的控制。

电动机在实际运行中常会遇到过载情况，只要过载不大，时间较短，电动机绕组的温升不超过允许温度，这种过载是允许的。但是如果过载时间过长，绕组温升超过了允许温度时,则会引起绕组过热,加剧绕组绝缘的老化,缩短电动机的使用寿命,甚至烧毁电动机。此时就可以使用热继电器作为电动机的过载保护。热继电器的文字符号为 FR。

热继电器按相数来分,有单相、两相和三相式三种类型;按功能来分为三相式的热继电器又有带断相保护装置和不带断相保护装置的;按复位方式分为热继电器有自动复位的和手动复位的,所谓自动复位是指触头断开后能自动返回;按温度补偿分为带温度补偿的和不带温度补偿的。

热继电器的结构由加热元件、双金属片、动作机构、触头系统等元件组成。双金属片是热继电器的测量元件,它由两种不同膨胀系数的金属片采用受热和加压结合或机械碾压而成,高膨胀系数的作为主动层,膨胀系数小的作为被动层,当热继电器的测量元件被加热到一定程度,双金属片将向被动层方向弯曲,然后通过传动机构带动触点动作,以达到保护电路的作用。热继电器组织和结构如图 1-61 所示。

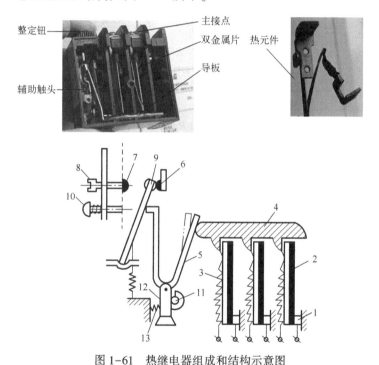

图 1-61 热继电器组成和结构示意图
1—推杆 2—主双金属片 3—加热元件 4—导板 5—补偿双金属片 6—动断触点
7—动合触点 8—复位调节螺钉 9—动触点 10—复位按钮 11—调节旋钮 12—支撑杆 13—弹簧

图 1-59 中,主双金属片 2 和加热元件 3 串接在电动机主电路的进线端,当电动机过载时,主双金属片 2 受热弯曲推动导板 4,并通过补偿双金属片 5 和传动机构将常闭触点(动触点 9 和动断触点 6)断开,常开触点(动触点 9 和动合触点 7)闭合。热继电器的常闭触点串接于电动机的控制电路中,热继电器动作,其常闭触点断开后可切断电动机的控制电路,使电动机断电,从而保护了电动机。热继电器的常开触点可以接入信号回路,当热继电器动作后,其常开触点闭合,接通信号回路,发出信号。在电动机正常运行时,热元件产生的热量不会使触点系统动作。调节旋钮 11 为偏心轮,转动偏心轮,可以改变补偿双金属片 5 与导板 4 的接触距离,从而调节热继电器动作电流的整定值。热继

电器动作后，可以手动复位也可以自动复位。靠复位调节螺钉 8 来改变动合触点 7 的位置，使热继电器工作在手动复位或自动复位两种工作状态。热继电器动作后，应在 5 min 内自动复位，或在 2 min 内可靠地手动复位。若调成手动复位时，在故障排除后要按下按钮时才恢复常闭触点的闭合状态。

热继电器由于热惯性，当电路短路时不能立刻动作使电路立即断开，因此不能作短路保护。同理，在电动机起动或短时过载时，热继电器也不会动作，这可避免电动机不必要的停转。

常用的热继电器有 JR20、JR36、JRS1 系列，他们具有断相保护功能。热继电器的主要技术参数有额定电压、额定电流、相数、整定电流等。热继电器的整定电流是指允许长期通过热继电器的热元件又不致引起继电器动作的最大电流值，超过此值热继电器就会动作。

JR20 系列热继电器型号及其含义如图 1-62 所示。

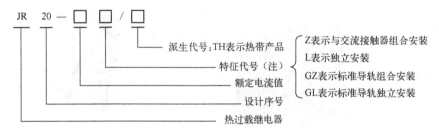

图 1-62　JR20 系列热继电器型号及其含义

热继电器的电气符号如图 1-63 所示。

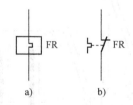

图 1-63　热继电器的图形符号及文字符号
a）热元件　b）动断触点

热继电器的选用：

1）一般情况下可以选用两相结构的热继电器。对转子三相绕组作三角形接法时，应采用有断相保护装置的三相热继电器作过载保护。

2）热元件的额定电流等级一般应大于电动机的额定电流，热元件选定后，再根据电动机的额定电流调整热继电器的整定电流，使整定电流与电动机的额定电流相等。

3）对于工作时间短、间歇时间长的电动机，以及虽长期工作但过载可能性小的电动机（例如排风机电动机），可不装设过载保护。

6. 速度继电器

速度继电器是依靠速度的大小为信号的继电器。它在电路中一般与接触器配合实现对电动机的反接制动控制。当转速达到规定值时继电器动作，当转速下降到接近零时能自动、及时切断电源。

常用的速度继电器有 JY1 和 JFZO 型两种，如图 1-64 所示。速度继电器符号如图 1-65 所示。

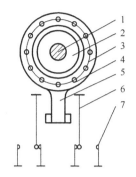

图 1-64　速度继电器结构原理图
1—转轴　2—转子　3—定子　4—绕组　5—摆锤　6—簧片　7—触点

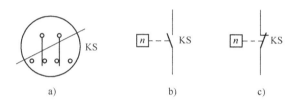

图 1-65　速度继电器符号

速度继电器由转子、圆环（绕组）和触点三部分组成。速度继电器的轴与电动机轴相连，而定子套在转子上。当电动机转动时，速度继电器的转子随之一起转动，产生旋转磁场。定子内的短路导体切割磁力线，产生感应电动势，从而产生感应电流。此电流与旋转的转子磁场相互作用产生转矩，使定子随转子开始转动。当它转过一定角度时，装在定子轴上的摆锤推动簧片动作，使常闭触点断开、常开触点闭合。当电动机转速下降且低于某一数值时，定子产生的转矩减小，触点在簧片作用下复位。

1.3.7　熔断器

熔断器是一种用于过载与短路保护的电器。熔断器作为保护电器，具有结构简单、体积小、重量轻、使用和维护方便、价格低廉、可靠性高等优点，因此在强电系统和弱电系统中得到广泛应用。

1. 熔断器的结构及保护特性

（1）熔断器的结构
熔断器由熔体和安装熔体的绝缘底座（或称熔管）等组成。
（2）保护特性
熔断器串联在被保护的电路中，电流通过熔体时产生的热量与电流的平方和电流通过的时间成正比，电流越大，则熔体熔断时间越短，这种特性称为熔断器的保护特性或安秒特性。
（3）熔断器的分类
按结构分为开启式、半封闭式和封闭式；按有无填料分为有填料式、无填料式；按用途分为工业用熔断器、保护半导体器件熔断器及自复式熔断器等。

2. 熔断器的主要技术参数

（1）额定电压

熔断器的额定电压是指熔断器长期工作时和分断后能够承受的电压，它取决于线路的额定电压，其值一般等于或大于所接电路的额定电压。

（2）额定电流

熔断器的额定电流是保证熔断器（指绝缘底座）能长期正常工作的电流。

（3）极限分断能力

极限分断能力是指熔断器在规定的额定电压和功率因数（或时间常数）的条件下，能分断的最大短路电流值。

3. 常用的熔断器

常用的熔断器有如下3种，如图1-66所示。

1）瓷插式熔断器，如图1-66a所示。

2）螺旋式熔断器，如图1-66b所示。

3）封闭管式熔断器，如图1-66c所示。

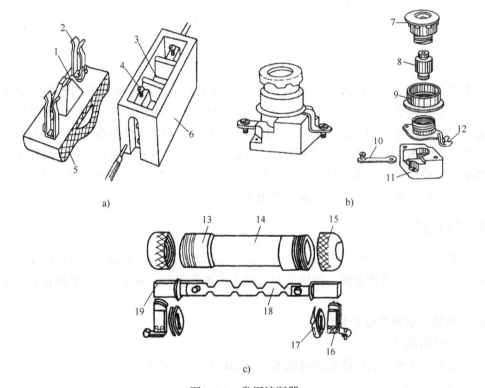

图1-66 常用熔断器

a）瓷插式熔断器 b）螺旋式熔断器 c）封闭管式熔断器

1—熔体 2—动触点 3—空腔 4—静触点 5—瓷盖 6—瓷体
7—瓷帽 8—熔断管 9—瓷套 10—下接线座 11—瓷座 12—上接线座
13—铜圈 14—熔断管 15—管帽 16—插座 17—特殊垫圈 18—熔体 19—熔片

4. 熔断器的型号意义及电气符号

（1）熔断器的型号及含义

其型号及含义如图 1-67 所示。

（2）熔断器的图形符号及文字符号

其图形符号和文字符号如图 1-67 所示。

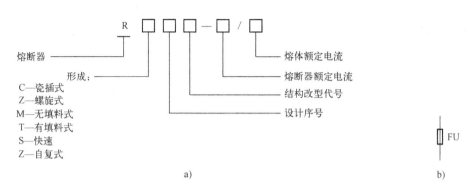

图 1-67 熔断器的表示和含义

a）熔断器的型号和含义　b）熔断器的图形和文字符号

5. 熔断器的选择与维护

（1）熔断器的选择

1）熔断器的类型的选择。

根据线路的要求、使用场合、安装条件和各类熔断器的使用范围来选择。

2）熔断器额定电压的选择。

熔断器额定电压必须等于或高于熔断器工作点的电压。

3）熔体额定电流的选择。

① 对于照明线路等没有冲击电流的负载，应使熔体的额定电流等于或稍大于电路的工作电流，即

$$I_{FU} \geq I \tag{1-2}$$

② 对于电动机类负载，要考虑起动冲击电流的影响，熔体额定电流应按下式计算：

$$I_{FU} \geq (1.5 \sim 2.5) I_N \tag{1-3}$$

③ 对于多台电动机由一个熔断器保护时，熔体额定电流应按下式计算：

$$I_{FU} \geq (1.5 \sim 2.5) I_{N.max} + \sum I_N \tag{1-4}$$

4）熔断器的额定电流。

熔断器的额定电流根据被保护的电路及设备的额定负载电流选择。熔断器的额定电流必须等于或高于所装熔体的额定电流。

5）熔断器的额定分断能力*。

熔断器的额定分断能力必须大于电路中可能出现的最大故障电流。

---

* 分断能力是指在规定的使用和性能条件下，熔断体在规定电压下能够分断的预期电流值。

6）熔断器上、下级的配合。

为满足选择保护的要求，应注意熔断器上、下级之间的配合，为此，应使上一级（供电干线）熔断器的熔体额定电流比下一级（供电支线）大1~2个级差。

（2）熔断器在使用和维护方面注意事项

1）安装前检查熔断器的型号、额定电流、额定电压、额定分断能力等参数是否符合规定要求。

2）安装时应注意熔断器与底座上的触刀接触应良好，以避免因接触不良造成温升过高，引起熔断器误动作和周围元器件损坏。

3）熔断器熔断时，应更换同一型号规格的熔断器。

4）工业用熔断器的更换应由专职人员更换，更换时应切断电源。

5）使用时应经常清除熔断器表面的尘埃，在定期检修设备时，如发现熔断器有损坏，应及时更换。

1.3.8 主令电器

主令电器包括控制按钮和行程开关两大类。

1. 控制按钮

控制按钮的结构如图1-68所示，其型号和含义如图1-69所示，其电气符号如图1-70所示。

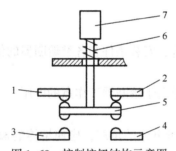

图1-68 控制按钮结构示意图

1和2—动断触点　3和4—动合触点　5—动触点　6—复位弹簧　7—按钮帽

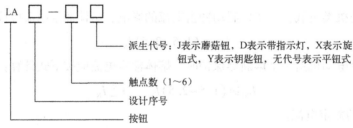

图1-69 控制按钮的型号和含义

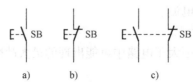

图1-70 控制按钮的图形符号及文字符号

a）动合触点　b）动断触点　c）复合式触点

2. 行程开关

行程开关的结构如图 1-71 所示。

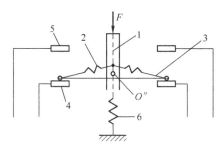

图 1-71 行程开关的结构示意图
1—推杆 2—弹簧 3—动触点 4—动断触点 5—动合触点 6—复位弹簧

常用的行程开关有 LX19、LX22、LX32、LX33、JLXL1 以及 LXW-11、JLXK1-11、JLXW5 系列等。行程开关的型号及其含义如图 1-72 所示。

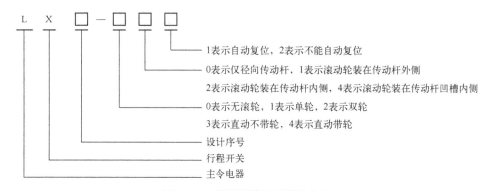

图 1-72 行程开关的型号及含义

行程开关外形如图 1-73 所示，其电气符号如图 1-74 所示。

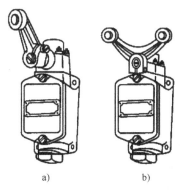 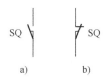

图 1-73 LX19 系列行程开关外形图　　图 1-74 行程开关的图形符号及文字符号
a) 单轮旋转式　b) 双轮旋转式　　　　　a) 动合触点　b) 动断触点

47

【任务实施】

1. 编制技能训练器材明细表

本技能训练任务所需器材见表1-5。

表1-5 技能训练器材明细表

器件序号	器材名称	性能规格	所需数量	用途备注
01	实训室废弃的交流接触器		1套	
02	三联按钮	Y112M-4, 4 kW, 380 V, △联结	1台	
03	劳保用品		1套	
04	兆欧表	500 V	1块	
05	验电笔	500 V	1支	
06	万用电表	MF-47	1块	
07	常用维修电工工具		1套	

2. 技能训练前的检查与准备

1) 确认技能训练环境符合维修电工操作的要求。
2) 确认技能训练器件与测试仪表性能是否良好。
3) 编制技能训练操作流程。
4) 做好操作前的各项安全工作。

3. 技能训练实施步骤

1) 由实训指导教师讲解安全操作的基本规程和注意事项。
2) 由实训指导教师讲解拆装工艺流程。

4. 清理现场和整理器材

训练完成后,清理现场,整理所用器材、工具,按照要求放置到规定位置。

5. 考核要点

1) 检查是否按照要求正确拆装交流接触器、三联按钮。
2) 是否时刻注意遵守安全操作规定,操作是否规范。

根据以上考核要点对学生进行逐项成绩评定,参见表1-6,给出该任务的综合实训成绩。

表1-6 实训成绩评定表

任务内容	分值/分	考核要点及评分标准	扣分/分	得分/分
常用低压电器的操作训练	80	未按正确的操作要领操作,每处扣5分		
		拆装顺序有错误,每错1次扣10分		
		拆装过程出现错误,每错1次扣5分		
安全、规范操作	10	每违规1次扣2分		
整理器材、工具	10	未将器材、工具等放到规定位置,扣5分		
合计				

【考核与评价】

考核与评价参见表1-7。

表1-7 考核与评价

考 核 点	建议考核方式	评价标准			
		优	良	中	及 格
常用低压电器的拆装	教师评价、互评	熟练掌握各种常用低压电器的工作原理、结构、常见故障及维修	掌握各种常用低压电器的工作原理、结构、常见故障维修	了解各种常用低压电器的工作原理、结构、常见故障	基本了解各种常用低压电器的工作原理、结构

【知识拓展】

1. 交流接触器的主要型号

(1) CJ10系列交流接触器

CJ10系列交流接触器适用于交流50 Hz、电压小于等于380 V、电流小于等于150 A的电力线路,作为远距离接通与分断线路之用,并适宜于频繁地起动和控制交流电动机。其吸引线圈的额定电压交流时为36 V、127 V、220 V、380 V;直流时为110 V、220 V。吸引线圈在额定电压的85%~105%时可以正常工作,在线圈电流切断后,常开触点应完全开启,而不停留在中间位置。

接触器主触点的接通能力与分断能力表现为,在105%的额定电压下,功率因数为0.35时能承受12倍额定电流100次的接通,或者能承受10倍额定电流20次的接通与分断,每次间隔5 s,通电时间0.2 s。接触器的操作频率为每小时600次,电寿命可达60万次,机械寿命为300万次。CJ10系列交流接触器为直动式,主触点采用双断点桥式触点,20 A以上的接触器均装有灭弧装置。电磁系统中双E型铁柱端面嵌有短路环,其衔铁中柱较短,闭合后留有空气间隙,这是为了削弱剩磁的作用。

(2) CJ20系列交流接触器

CJ20系列交流接触器适用于交流50 Hz、电压小于等于660 V、电流小于等于630 A的电力线路,供远距离接通和分断线路之用,并适宜于频繁地起动和控制交流电动机。CJ20型系列交流接触器为直动式,主触点采用双断点桥式触点,U形铁心。辅助触点采用通用的辅助触点,根据需要可制成不同组合以适应不同需要。辅助触点的组合有2常开2常闭;4常开2常闭;也可根据需要交换成3常开3常闭或2常开4常闭。CJ20系列交流接触器的结构优点是体积小、重量轻、易于维护。

2. 直流接触器的主要型号

(1) CZ0系列直流接触器

适用于直流电压440 V以下、电流600 A及以下电路,供远距离接通和分断直流电力线路、频繁起动和停止直流电动机、控制直流电动机的换向及反接制动。其主触点的额定电流有40 A、100 A、150 A、250 A、400 A、600 A。主触点的灭弧装置由串联磁吹线圈和横隔板陶土灭弧罩组成。

49

(2) CZ18 系列直流接触器

适用于直流电压 440 V 以下、电流至 1600 A 及以下电路，供远距离接通和分断直流电力线路、频繁启动和停止的直流电动机、控制直流电动机的换向及反接制动。其主触点的额定电流有 40 A、80 A、160 A、315 A、630 A、1000 A。

3. 接触器的运维

(1) 安装注意事项

接触器在安装使用前应将铁心端面的防锈油擦净。接触器一般应垂直安装于垂直的平面上，倾斜度不超过 5°；安装孔的螺钉应装有垫圈，并拧紧螺钉防止松脱或振动；避免异物落入接触器内。

(2) 日常维护

1) 定期检查接触器的零部件，要求可动部分灵活，紧固件无松动。已损坏的零件应及时修理或更换。

2) 保持触点表面的清洁，不允许粘有油污，当触头表面因电弧烧蚀而附有金属小颗粒时，应及时去掉。银和银合金触点表面因电弧作用而生成黑色氧化膜时，不必锉去，因为这种氧化膜的导电性很好，锉去反而缩短了触点的使用寿命。触头的厚度减小到原厚度 1/4 时，应更换触头。

3) 接触器不允许在去掉灭弧罩的情况下使用，因为这样在触点分断时很可能造成相间短路事故。陶土制成的灭弧罩易碎，避免因碰撞而损坏。要及时清除灭弧室内的碳化物。

任务 1.4　三相异步电动机点动控制电路的装调

【任务目标】

1. 了解三相异步电动机点动控制电路的设计方法。
2. 通过点动控制电路的安装与检修技能训练，让学生具备绘制电气布置图和接线图、编制所需的器件明细表的基本技能。
3. 掌握三相异步电动机点动控制电路安装与检修的操作技能。
4. 掌握电工安全操作规程。
5. 掌握安全用电操作技能。

【任务描述】

三相异步电动机点动控制电路的装调。

职业能力要点：

1. 理解三相异步电动机点动控制电路工作原理，并能按图接线。
2. 会用万用表对电路进行故障判断，能做通电试验。

职业素质要求：工具摆放合理，操作完毕后及时清理工作台，并填写使用记录。

【知识准备】

三相笼型异步电动机的优点是结构简单、坚固耐用、维修方便、价格便宜等，在一般工矿企业中应用广泛。三相笼型异步电动机有直接起动和降压起动两种起动方式。直接起动是最简单、经济的一种起动方法，但起动时的起动电流达到了额定电流的几倍，所以直接起动适用于功率比较小的电机。一般根据电动机的起动频繁程度以及供电变压器容量的大小来决定允许直接起动的电动机的容量，通常容量小于 11 kW 的三相笼型异步电动机可采取直接起动。

在生产生活中经常会遇到要求由电动机点动的问题，所谓点动控制就是指只有按下按钮时电动机才能转动，松开按钮时电动机就停止的电路，例如地面操作的小型起重机和 C620 车床的加工工件等都是利用电动机点动控制的实例。

1.4.1 绘制布置图和接线图的方法

1. 布置图

布置图是根据电气元件在控制板上的实际安装位置，采用简化的外形符号（如正方形、矩形、圆形等）而绘制的一种简图。它不能表示各电器的具体结构、作用、接线情况以及工作原理，主要用于电气元件的布置和安装。图中各电器的文字符号必须与电路图和接线图的标注相一致。在实际工作中，电路图、接线图和布置图要结合起来使用。

2. 接线图

（1）接线图的特点

接线图是根据电气设备和电气元件的实际位置和安装情况绘制的，只用来表示电气设备和电气元件的位置、配线方式和接线方式，而不明显表示电气动作原理。主要用于安装接线、线路的检查维修和故障处理。

（2）绘制、识读接线图应遵循的原则

① 接线图中一般包括如下内容：电气设备和电气元件的相对位置、文字符号、端子号、导线号、导线类型、导线截面积、屏蔽和导线绞合等。

② 所有的电气设备和电气元件都按其所在的实际位置绘制在图纸上，且同一电器的各元件根据其实际结构，使用与电路图相同的图形符号画在一起，并用点画线框上，其文字符号以及接线端子的编号应与电路图中的标注一致，以便对照检查接线。

③ 接线图中的导线有单根导线、导线组（或线扎）、电缆等之分，可用连续线和中断线来表示。凡导线走向相同的可以合并，用线束来表示，到达接线端子板或电气元件的连接点时再分别画出。在用线束来表示导线组、电缆等时可用加粗的线条表示，在不引起误解的情况下也可采用部分加粗。另外，导线及管子的型号、根数和规格应标注清楚。

1.4.2 元器件安装工艺

元器件的安装工艺需要注意如下几点：

① 各元器件的安装位置应整齐、匀称，间距合理，便于元器件的更换。

② 紧固各元器件时，用力要均匀，紧固程度适当。在紧固熔断器、断路器等易碎元件时，应该用手按住元器件一边轻轻摇动，一边用旋具旋紧对角线上的螺钉，直到旋不动后再适当加固旋紧即可。

③ 断路器、熔断器的受电端应安装在控制板的外侧，并使熔断器的受电端为底座的中心端。

1.4.3 布线工艺

1. 工艺要求

① 布线通道要尽可能少，同路并行导线按主、控电路进行分类和集中，单层密排，紧贴安装面布线。

② 同一平面的导线应高低一致或前后一致，不能交叉。非交叉不可时，该根导线应在接线端子引出时，进行水平架空跨越，但必须走线合理。

③ 布线应横平竖直，分布均匀，变换走向时应垂直转向。

④ 布线时严禁损伤线芯和导线绝缘层。

⑤ 布线顺序一般以接触器为中心，由里向外、由低至高，先控制电路后主电路的顺序进行，以不妨碍后续布线为原则。

⑥ 在每根剥去绝缘层导线的两端套上编码套管。所有从一个接线端子（或接线桩）到另一个接线端子（或接线桩）的导线必须连续，中间无接头。

⑦ 导线与接线端子或接线桩连接时，不得压绝缘层、不反圈及不露铜过长。

⑧ 同一元器件、同一回路的不同接点的导线间距离应保持一致。

⑨ 一个元器件接线端子上的连接导线不得多于两根，每节接线端子板上的连接导线一般只允许连接一根。

2. 布线操作

根据由里向外，由低至高原则。接线时注意，将螺钉旋紧后稍稍加力即可，要防止螺钉滑丝，不要忘记在导线的两端套上编码套管。

1.4.4 三相异步电动机单向点动控制电路运行工作原理

1. 电路组成：由主电路和控制电路组成

如图 1-75 所示，主电路刀开关 QS 起隔离作用，熔断器 FU_1 对主电路进行短路保护，接触器 KM 的主触点控制电动机的起动、运行和停车，SB 为控制按钮，M 为笼型异步电动机。

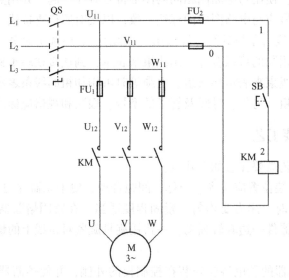

图 1-75 三相异步电动机单向点动控制电路运行工作原理图

2. 工作过程

合上电源开关 QS，按下起动按钮 SB，接触器 KM 线圈得电，接触器主触点闭合，电动机 M 单向运行；松开起动按钮 SB，KM 线圈失电，KM 主触点断电，电动机 M 停止转动。把这一过程称作点动。点动形式的电路叫点动控制电路。

3. 保护环节

电源开关 QS 起到隔离电源的作用；熔断器 FU_1、FU_2 分别对主电路和控制电路进行短路保护；由于点动控制电动机运行时间短，并且有操作人员在近处监视，所以一般不设过载保护环节。

【任务实施】

绘制电气布置图和接线图，编制所需的器材明细表，进行点动正转控制电路的安装与检修。

1. 编制技能训练器材明细表

本技能训练任务所需器材见表 1-8。

表 1-8 技能训练器材明细表

器件序号	器材名称	性能规格	所需数量	用途备注
01	点动正转控制电路组成器件		1 套	
02	三相电动机	Y112M-4，4kW，380V，△联结	1 台	
03	电路板		1 块	
04	木螺钉		若干	
05	平垫片		若干	
06	劳保用品		1 套	
07	导线		若干	
08	兆欧表	500 V	1 块	
09	验电笔	500V	1 支	
10	万用电表	MF-47	1 块	
11	常用维修电工工具		1 套	

2. 技能训练前的检查与准备

1) 确认技能训练环境符合维修电工操作的要求。
2) 确认技能训练器材与测试仪表性能是否良好。
3) 编制技能训练操作流程。
4) 做好操作前的各项安全工作。

3. 技能训练实施步骤

技能训练实施步骤见图 1-76 所示。

1) 绘制和分析电路原理图，设计布置图和接线图，如图 1-77、图 1-78 以及图 1-79 所示。

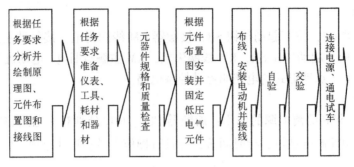

图 1-76 技能训练实施步骤

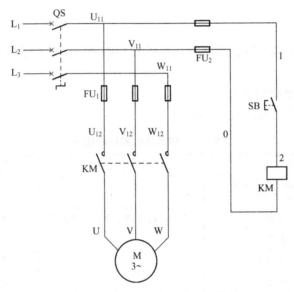

图 1-77 点动正转控制电路原理图

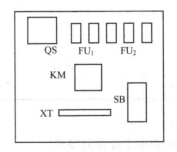

图 1-78 点动正转控制电路布置图

电路原理分析如下：

① 电路组成元器件及作用。如图 1-77 所示，电路由主电路和控制电路组成，主电路由低压断路器 QS、低压熔断器 FU_1、交流接触器 KM 的 3 组主触点以及电动机的定子回路组成，控制电路由低压熔断器 FU_2、交流接触器 KM 的电磁线圈以及起动按钮 SB 组成。低压断路器 QS 起到交流电源通断及失电压、过载、过热保护作用，熔断器 FU_1、FU_2 起到主电

路和控制电路的短路保护作用,交流接触器 KM 起到远距离电气控制电动机以及失压保护的作用,起动按钮 SB 起到电动机的点动控制作用。

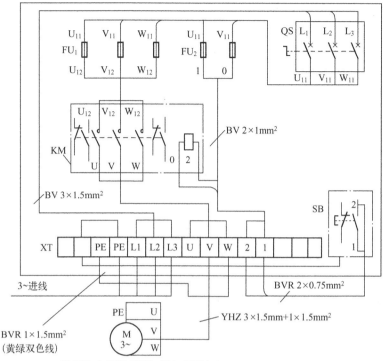

图 1-79 点动正转控制电路接线图

② 电路原理。如图 1-77 所示,接通三相交流电源,闭合低压断路器 QS,按下起动按钮 SB 时,交流接触器 KM 的电磁线圈得电,其电磁机构中的衔铁吸合,带动触点机构动作,交流接触器 KM 的常开主触点闭合,使三相异步电动机定子回路通电而转动。当松开起动按钮 SB 时,交流接触器 KM 的电磁线圈失电,其电磁机构中的衔铁释放,触点机构复位,交流接触器 KM 的常开主触点恢复断开,使三相异步电动机定子回路失电而停转。

2) 按照技能训练器材明细表,准备器材、工具以及仪器仪表。
3) 对器材质量进行检查与清点,并做好记录。具体操作为:
① 检查电气元器件、耗材的型号与规格是否正确。
② 检查电气元器件的外观是否完整无缺,附件、配件是否齐全。
③ 使用仪表检查电气元器件、电动机的质量及有关技术数据是否符合要求,特别注意对接触器和按钮的检查。
4) 根据布置图,安装和固定电器元件。
5) 根据接线图,进行布线安装,完成整个控制电路板的接线。

按接线图进行板前明线布线和导线敷设,套上编码套管。对按钮进行内部接线时,用力不要过猛,以防螺丝打滑。注意电源进线应接在螺旋式熔断器的下接线座上,出线应接在其上接线座上,以保证能安全的更换熔管。

6) 安装及接线完成后,认真仔细检查电路。检查步骤及工艺要求:

① 按电路图或接线图逐段检查。从电源端开始,逐段核对接线及接线端子处线号是否正确,有无漏接、错接之处。检查导线接点是否符合要求,压接是否牢固,同时注意接点接触应良好,以避免带负载运行时产生闪弧现象。

② 用万用表检查电路的通断情况。检查时,应选用倍率适当的电阻挡进行校零,以防发生短路故障。对电路的检查,先检查主电路,后检查控制电路,最后再检查辅助电路。在检查主电路时,应断开控制电路,检查主电路有无开路或短路故障,此时,可用手动来代替接触器通电吸合,进行检查其触点是否动作良好。在检查控制电路时,应断开主电路,检查控制电路有无开路或短路故障,可测量 U_{11} 和 V_{11} 之间的直流电阻,不按下按钮时阻值为"∞",按下按钮时阻值为接触器线圈的直流电阻。

③ 用兆欧表检查电路中绝缘电阻的阻值,确保其不得小于 1 MΩ。

7) 将电路板整理后,交给教师进行验收。

8) 连接电源,通电试车。

对电动机进行接地保护,连接电源、电动机等控制电路板外部的导线。

① 为保证人身安全,在通电试车时要认真执行安全操作规程的有关规定,一人监护,一人操作。试车前,应检查与通电试车有关的电气设备是否有安全隐患,若查出安全性问题应立即整改,然后方能试车。

② 通电试车前,必须征得教师的同意,并由指导教师接通三相电源 L_1、L_2、L_3,同时在现场监护。学生合上电源开关 QS 后,用验电笔检查开启式负荷开关的上端头,若氖管亮则说明电源接通。上述检查确保一切正常后,在教师监护下进行试车。

③ 空载操作试验。先不接电动机,合上电源开关 QS,按下起动按钮 SB,接触器得电吸合,观察是否符合电路功能要求。

④ 带负荷试验。断开电源开关 QS,接好电动机连线。合上电源开关 QS,按下起动按钮 SB 后,观察接触器得电吸合以及电动机运行情况是否正常,但不得对电路接线正确性进行带电检查。观察过程中,若发现有异常现象,应立即停车。当电动机运转平稳后,用钳形电流表测量三相电流是否平衡。

试车成功率以通电后第一次按下起动按钮时计算。

9) 故障检修。出现故障后,应独立进行检修。若需带电检查时,教师必须负责现场安全监护。检修完毕后,如需要再次试车,教师也应该负责现场安全监护,并做好时间记录。

10) 通电试车完毕,使电动机停转,切断电源。先拆除三相电源线,再拆除电动机线。

4. 清理现场和整理器材

训练完成后,清理现场,整理所用器材、工具,将其按照要求放置到规定位置。

5. 考核要点

1) 检查是否按照要求正确绘制布置图和接线图,编制器材明细表,器材的安装和使用是否正确。

2) 检查安装敷设施工是否符合要求,是否做到安全、美观、规范,是否时刻注意遵守安全操作规定,操作是否规范。

3) 检查与验收电路板质量是否合格,对其进行通电测试看是否达到实训目标,是否会采取正确的方法进行故障检修。

4) 根据以上考核要点对学生进行逐项成绩评定,参见表 1-9,给出该任务的综合实训成绩。

表1-9 实训成绩评定表

任务内容	分值/分	考核要点及评分标准	扣分/分	得分/分
点动正转控制电路的安装与检修	80	未按照要求正确绘制布置图和接线图，扣10分		
		不能正确安装器件，每个扣5分		
		验收不合格，检修方法不正确，每错1次扣10分		
安全、规范操作	10	每违规1次扣2分		
整理器材、工具	10	未将器材、工具等放到规定位置，扣5分		
合计				

【考核与评价】

考核与评价内容见表1-10。

表1-10 考核与评价

考核点	建议考核方式	评价标准			
		优	良	中	及格
三相异步电动机点动控制原理及控制电路的装调、元器件组成；各保护环节的原理与作用；	教师评价、学生互评	能正确识别使用元器件；熟练使用电工工具和万用表；能熟练按照电气原理图和接线图进行电路自检以及查找故障点；	能正确使用元器件；熟练使用电工工具万用表；能按照电气原理图和接线图进行电路自检，以及查找故障点；	能正确使用元器件；会使用电工工具和万用表；能按照电气原理图和接线图进行电路自检，以及查找故障点；	能正确识别元器件；会使用电工工具和万用表；能按照电气原理图和接线图进行接线；

【故障维修方法】

利用各种电工仪表测量电路中的电阻、电流、电压等参数，并进行故障诊断，以图1-77点动正转控制电路原理图为例进行说明，常用的方法有以下几种。

1. 电压测量法

电压测量法是在电路通电的情况下，根据所测的电压值判断电器元件和电路的故障所在，检查时把万用表旋到交流电压500 V挡位上，采取分段测量电压的方法进行故障排除。

如图1-77所示，按下起动按钮SB接触器KM中的衔铁不吸合，说明电路有故障。

以检修控制电路为例来说明，把控制电路分成4段，第1段为U_{11}和1点之间，第2段为1和2点之间，第3段为2和0点之间，第4段为0和V_{11}点之间。检修时，首先用万用表测量U_{11}和V_{11}两点电压，若电路正常，应为380 V。然后按下起动按钮SB不放，同时将红、黑两表棒分别接到U_{11}和1点之间、1点和2点之间、2点和0点之间以及0点和V_{11}点之间，测量其各段电压。电路正常时，2点和0点之间电压应为380 V，其余均为0 V。如测到2点和0点之间无电压，说明电路存在断路故障，其余3段电压为380 V的一段可能为断路点，说明此段包括的触头及其连接导线接触不良或断路。

若分段测量正常，接触器KM仍不吸合，说明接触器的电磁线圈端头接触不良，或者接触器损坏需更换。

2. 电阻测量法

电阻测量法是在电路断电的情况下，根据所测的电阻值判断元器件和电路的故障所在，检查时把万用表旋到直流电阻×1或×10挡位上，采取分段测量电阻的方法进行排除故障。

如图1-77所示，按下起动按钮SB，接触器KM中的衔铁不吸合，说明电路有故障。

以检修控制电路为例来说明，把控制电路分成4段，第1段为U_{11}和1点之间，第2段为1和2点之间，第3段为2和0点之间，第4段为0和V_{11}点之间。检修时，将电路断电，首先用万用表测量U_{11}和V_{11}两点间电阻，若电路正常，应为无穷大。然后按下起动按钮SB不放，同时将红、黑两表笔分别接到U_{11}和1点之间、1点和2点之间、2点和0点之间以及0点和V_{11}点之间，测量其各段电阻。电路正常时，2点和0点之间电阻应为接触器线圈的直流电阻，大约为几百至几千欧姆，其余均为0。如测到2点和0点之间无电阻，说明电路存在短路故障，其余3段电阻为无穷大的一段可能为断路点，说明此段包括的触点及其连接导线接触不良或断路。

有时还用短接法进行故障排除，即用一根绝缘良好的导线将可疑的断路部位短接、它分为局部短接法和长短接法两种。局部短接法是用一绝缘导线分别短接某一段的两点，当短接到某一段的两点时，接触器KM_1吸合，则断路故障就在这里。长短接法是一次短接两个或多个触点，与局部短接法配合使用，可缩小故障范围，迅速排除故障。一般使用长短接法找出故障范围，然后再用局部短接法找出故障点和故障元件。

注意：用短接法进行故障排除时，电路是接通电源的，所以操作时特别需要注意操作安全，操作要符合电气安全规程，同时要有监护者密负责安全监护。

任务1.5 三相异步电动机直接起动控制电路的装调

【任务目标】

1. 通过直接起动控制电路的安装与检修技能训练，让学生具备绘制电气布置图和接线图、编制所需器材明细表的基本技能。
2. 掌握三相异步电动机直接起动控制电路安装与检修的操作技能。
3. 掌握电工安全操作规程。
4. 掌握安全用电操作技能。

【任务描述】

三相异步电动机直接起动控制电路的装调。

职业能力要点：

1. 熟练掌握三相异步电动机直接起动控制电路工作原理，并能按图接线。
2. 会使用万用表对电路进行故障判断，能做通电试验。

职业素质要求：

工具摆放合理，操作完毕后及时清理工作台，并填写使用记录。

【知识准备】

三相异步电动机直接起动控制电路也是全压起动连续运行控制电路，有些电路中需要带过载保护，有些电路不需要带过载保护。

三相异步电动机不带过载保护直接起动控制电路原理图如图1-80所示，带过载保护直接起动控制电路原理图如图1-81所示。

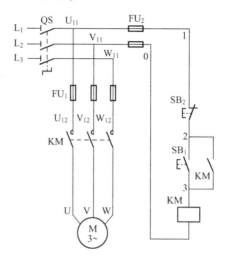

图1-80 不带过载保护的直接起动控制电路原理图

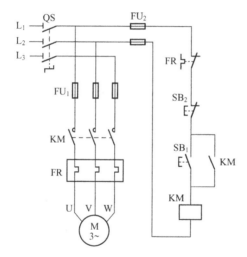

图1-81 带过载保护的直接控制电路原理图

1.5.1 三相异步电动机直接起动控制电路运行的工作原理

1. 不带过载保护的控制电路工作原理

在图1-80中，按钮开关SB_2为停止按钮，SB_1为起动按钮。接通三相交流电源，闭合低压断路器QS，按下起动按钮SB_1时，交流接触器KM的电磁线圈得电，使其电磁机构中的衔铁吸合，带动触点机构动作，交流接触器KM的常开主触点闭合，使三相异步电动机定子回路通电而转动，同时交流接触器KM的常开主辅助触点闭合，短接了起动按钮SB_1。当松开起动按钮SB_1时，交流接触器KM的电磁线圈仍然保持得电，交流接触器仍然处于衔铁吸合状态，其触点维持动作状态，使三相异步电动机维持转动。按下停止按钮SB_2时，交流接触器 KM 的电磁线圈失电，其触点恢复常态，三相异步电动机因断电而停转。

2. 带过载保护的控制线路工作原理

图 1-81 与图 1-80 相比多了一个热继电器 FR，起到电动机过载保护的作用。当电动机在运行时，如果电动机长期过载时，热继电器 FR 动作，其常闭触点断开，使交流接触器 KM 的电磁线圈失电，其触点恢复常态，三相异步电动机因断电而停转，起到电动机过载保护的作用。

1.5.2 常用的保护环节

1. 短路保护

熔断器 FU_1、FU_2 分别对主电路和控制电路进行短路保护。

2. 过载保护

热继电器 FR 对电动机实现长期过载保护。

3. 欠电压保护和失电压保护

接触器的自锁功能具有欠电压和失电压保护作用。依靠接触器的自身辅助触点而使其线圈保持通电的现象，称为自锁或者自保持。这个自锁作用的辅助触点叫作自锁触点。

当电源电压严重下降或电压消失时，接触器的电磁吸力急剧下降或消失，衔铁释放，各触点恢复原来的状态，这时电动机停止转动。一旦电源电压恢复，电动机也不会自行起动，从而避免事故发生。

设置欠电压、零电压保护的线路有三个优点：

① 防止电源电压严重下降时电动机欠电压运行。

② 防止电源电压恢复时电动机自起动造成设备和人身事故。

③ 避免多台电动机同时起动造成电网电压的严重下降。

【任务实施】

绘制电气布置图和接线图，编制所需的器材明细表，进行接触器自锁正转控制电路的安装与检修。

1. 编制技能训练器材明细表

本技能训练任务所需器材见表 1-11。

表 1-11 技能训练器材明细表

器件序号	器材名称	性能规格	所需数量	用途备注
01	接触器自锁正转控制电路组成器件		1 套	
02	三相电动机	Y112M-4，4kW，380V，△联结	1 台	
03	电路板		1 块	
04	木螺钉		若干	
05	平垫片		若干	
06	劳保用品		1 套	
07	导线		若干	
08	兆欧表	500 V	1 块	

(续)

器件序号	器材名称	性能规格	所需数量	用途备注
09	验电笔	500 V	1支	
10	万用电表	MF-47	1块	
11	常用维修电工工具		1套	

2. 技能训练前的检查与准备

1）确认技能训练环境符合维修电工操作的要求。
2）确认技能训练器材与测试仪表性能是否良好。
3）编制技能训练操作流程。
4）做好操作前的各项安全工作。

3. 技能训练实施步骤

技能训练实施步骤类似于1.4.4节三相异步电动机单向点动控制电路运行工作原理的相应步骤，不同的是电路原理分析部分。

绘制和分析电路原理图，其电路原理图如图1-80和图1-81所示；设计布置图和接线图，如图1-82、图1-83、图1-84以及图1-85所示。

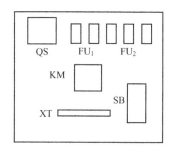

图1-82 不带过载保护的接触器自锁正转控制电路布置图

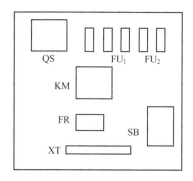

图1-83 带过载保护的接触器自锁正转控制电路布置图

4. 清理现场和整理器材

训练完成后，清理现场，整理所用器材、工具，将其按照要求放置到规定位置。

5. 考核要点

1）检查是否按照要求正确绘制布置图和接线图，编制器材明细表，器材的安装和使用是否正确。

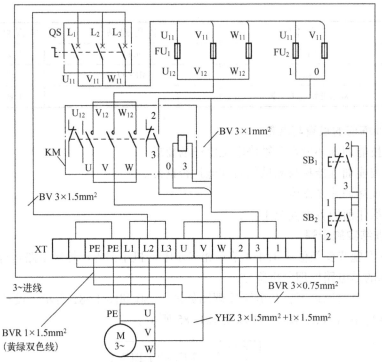

图 1-84 不带过载保护的接触器自锁正转控制电路接线图

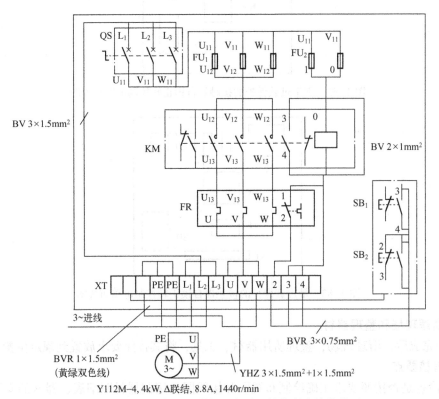

图 1-85 带过载保护的接触器自锁正转控制电路接线图

2）检查安装敷设施工是否符合要求，是否做到安全、美观、规范，是否时刻注意遵守安全操作规定，操作是否规范。

3）检查与验收电路板质量是否合格，对其进行通电测试看是否达到实训目标，是否会采取正确的方法进行故障检修。

4）根据以上考核要点对学生进行逐项成绩评定，参见表1-12，给出该任务的综合实训成绩。

表 1-12 实训成绩评定表

任务内容	分值/分	考核要点及评分标准	扣分/分	得分/分
接触器自锁正转控制电路的安装与检修	80	未按照要求正确绘制布置图和接线图，扣10分		
		不能正确安装元件，每个扣5分		
		验收不合格，检修方法不正确，每错1次扣10分		
安全、规范操作	10	每违规1次扣2分		
整理器材、工具	10	未将器材、工具等放到规定位置，扣5分		
合计				

【考核与评价】

考核与评价参见表1-13。

表 1-13 考核与评价

考核点	建议考核方式	评价标准			
		优	良	中	及格
三相异步电动机直接起动控制原理及控制电路的装调、元器件组成；各保护环节的原理与作用；	教师评价、学生互评	能正确识别、筛选、使用元器件；熟练使用电工工具和万用表；能熟练按照电气原理图和接线图进行电路自检，以及查找故障点；	能正确识别、使用元器件；熟练使用电工工具和万用表；能按照电气原理图和接线图进行电路自检，以及查找故障点；	能正确使用元器件；会使用电工工具和万用表；能按照电气原理图和接线图进行电路自检，以及查找故障点；	能正确识别元器件；会使用电工工具和万用表；能按照电气原理图和接线图进行接线；

任务1.6 既能点动控制又能连续运行的控制电路的装调

【任务目标】

1. 通过控制电路的安装与检修技能训练，让学生具备绘制电气布置图和接线图、编制所需器材明细表的基本技能。
2. 掌握三相异步电动机点动加连续运行控制电路安装与检修的操作技能。
3. 掌握电工安全操作规程。
4. 掌握安全用电操作技能。

【任务描述】

三相异步电动机点动加连续运行控制电路的装调。

职业能力要点：

1. 熟练掌握三相异步电动机点动+连续控制电路工作原理，并能按图接线。
2. 会使用万用表对线路进行故障判断，能做通电试验。

职业素质要求：工具摆放合理，操作完毕后及时清理工作台，并填写使用记录。

【知识准备】

图 1-86 为既能点动控制又能连续运行控制电路原理图。

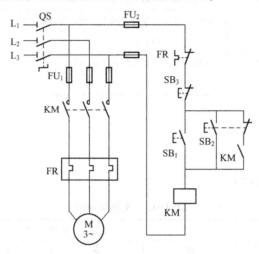

图 1-86 点动加连续运行控制电路原理图

1.6.1 各元器件的作用

QS：电源开关；FU_1：熔断器，用于主回路短路保护；FU_2：熔断器，用于控制回路短路保护；KM：接触器，用于电路控制；FR：热继电器，用于过载保护；SB_1：起动按钮，用于连续控制（绿色）；SB_2：点动按钮（黑色），也是复合按钮，其中常开触点用于接通接触器线圈，常闭触点用于分断自锁回路，解除连续，形成点动控制。SB_3：停止按钮（红色）。

1.6.2 工作原理

合上开关 QS。按下 SB_1，$L_1 \rightarrow FU_2 \rightarrow FR \rightarrow SB_3 \rightarrow SB_1 \rightarrow KM$ 线圈 $\rightarrow L_3$，构成回路。

电路工作过程为：

KM 线圈得电 $\begin{cases} KM 主触点吸合 \rightarrow 电动机运行。\\ KM 辅助触点吸合 \rightarrow 自锁 \rightarrow 电动机实现连续运行。\end{cases}$

按下 $SB_3 \rightarrow KM$ 线圈失电 $\begin{cases} KM 主触点释放 \rightarrow 电动机停止运行。\\ KM 辅助触点释放 \rightarrow 解除自锁。\end{cases}$

按下 SB_2，$L_1 \rightarrow FU_2 \rightarrow FR \rightarrow SB_3 \rightarrow SB_2 \rightarrow KM$ 线圈 $\rightarrow L_3$，构成回路。

电路工作过程为：

KM 线圈得电→ $\begin{cases} \text{KM 主触点吸合→电动机运行。} \\ \text{SB}_2 \text{ 常闭触点分断→KM 辅助触点吸合→} \\ \text{不能实现自锁→电动机只能实现点动运行。} \end{cases}$

1.6.3 实物接线方法

点动加连续运行控制电路接线图如图 1-87 所示。*

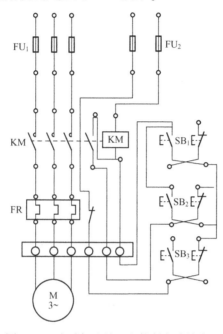

图 1-87 点动加连续运行控制电路接线图

1.6.4 控制电路的检查

1）将电源开关 QS 断开，

2）将万用表调至 R×10 或 R×100 挡，进行欧姆挡的调零。将红、黑两表笔分别接于 QS 出线端的 L_1 和 L_3。

3）按下 SB_1 时万用表应显示接触器 KM 线圈的电阻值。若显示为零，则证明控制电路有短路故障，若显示为无穷大，则证明控制电路有开路故障。

4）按住 SB_1，再按下 SB_3，万用表由显示 KM 线圈的电阻值转变为显示开路，证明 SB_1、SB_3 与接触器线圈之间的接线正确。

5）按下 SB_2 时万用表应显示接触器 KM 线圈的电阻值；按住 SB_2，再按下 SB_3，万用表由显示 KM 线圈的电阻值转变为显示开路，证明 SB_2、SB_3 与接触器线圈之间的接线正确。

6）按下 KM 主触点时，万用表显示 KM 线圈的电阻值，证明 SB_2 常闭触点与自锁触点接线正确。按住 KM 主触点再按下 SB_3，万用表由显示 KM 线圈的电阻值转变为显示开路，证明按钮 SB_3、SB_2 常闭触点、自锁触点与接触器线圈之间的接线正确。

7）上述检查无误后可以通电试运行。

---

* 本书的接线图因为受实验设备所限并不符合企业实际的实物出线位置。

【任务实施】

绘制电气布置图和接线图,编制所需的器材明细表,进行点动加连续正转控制电路的安装与检修。

1. 编制技能训练器材明细表

本技能训练任务所需器材见表 1-14。

表 1-14 技能训练器材明细表

器件序号	器材名称	性能规格	所需数量	用途备注
01	点动加连续正转控制电路组成器件		1 套	
02	三相电动机	Y112M-4,4kW,380V,△联结	1 台	
03	电路板		1 块	
04	木螺钉		若干	
05	平垫片		若干	
06	劳保用品		1 套	
07	导线		若干	
08	兆欧表	500 V	1 块	
09	验电笔	500 V	1 支	
10	万用电表	MF-47	1 块	
11	常用维修电工工具		1 套	

2. 技能训练前的检查与准备

1)确认技能训练环境符合维修电工操作的要求。
2)确认技能训练器材与测试仪表性能是否良好。
3)编制技能训练操作流程。
4)做好操作前的各项安全工作。

3. 技能训练实施步骤

技能训练实施步骤与 1.4.4 节技能训练实施步骤相关内容类似,不同的是电路原理分析部分。

电路原理分析如下:

① 电路组成元件及作用。电路由主电路和控制电路组成,主电路由低压断路器 QS、低压熔断器 FU_1、交流接触器 KM 的 3 组主触点以及电动机的定子回路组成,控制电路由低压熔断器 FU_2、交流接触器 KM 的电磁线圈以及起动控制 SB_1、SB_2 和停止按钮 SB_3 组成。低压断路器 QS 起到交流电源通断及失电压、过载、过热保护作用,熔断器 FU_1、FU_2 起到对主电路和控制电路的短路保护作用,交流接触器 KM 起到远距离电气控制电动机以及失电压保护的作用。② 电路原理。接通三相交流电源,闭合低压断路器 QS,按下起动按钮 SB_2 时,交流接触器 KM 的电磁线圈得电,其电磁机构中的衔铁吸合,带动触点机构动作,交流接触器 KM 的常开主触点闭合,使三相异步电动机定子回路因通电而转动。当松开起动按钮 SB_2 时,交流接触器 KM 的电磁线圈失电,其电磁机构中的衔铁释放,触点机构复位,交流接触

器 KM 的常开主触点恢复断开状态，使三相异步电动机定子回路因失电而停转。按下起动按钮 SB_1 时，交流接触器 KM 的电磁线圈得电，其电磁机构中的衔铁吸合，带动触点机构动作，交流接触器 KM 的常开主触点闭合，使三相异步电动机定子回路因通电而转动。按下停止按钮 SB_3 时，交流接触器 KM 的电磁线圈失电，其电磁机构中的衔铁释放，触点机构复位，交流接触器 KM 的常开主触点恢复断开，使三相异步电动机定子回路因失电而停转。

4. 清理现场和整理器材

训练完成后，清理现场，整理所用器材、工具，将其按照要求放置到规定位置。

5. 考核要点

1）检查是否按照要求，正确绘制布置图和接线图，编制器材明细表，器材的安装和使用是否正确。

2）检查安装敷设施工是否符合要求，是否做到安全、美观、规范，是否时刻注意遵守安全操作规定，操作是否规范。

3）检查与验收电路板质量是否合格，对其进行通电测试看是否达到实训目标，是否能够采取正确的方法进行故障检修。

4）根据以上考核要点对学生进行逐项成绩评定，参见表 1-14，给出任务的综合实训成绩。

表 1-14 实训成绩评定表

任务内容	分值/分	考核要点及评分标准	扣分/分	得分/分
既能点动又能连续运行的控制电路的安装与检修	80	未按照要求正确绘制布置图和接线图，扣 10 分		
		不能正确安装器件，每个扣 5 分		
		验收不合格，检修方法不正确，每错 1 次扣 10 分		
安全、规范操作	10	每违规 1 次扣 2 分		
整理器材、工具	10	未将器材、工具等放到规定位置，扣 5 分		
合计				

【考核与评价】

考核与评价参见表 1-15。

表 1-15 考核与评价

考核点	建议考核方式	评价标准			
		优	良	中	及格
三相笼型异步电动机既能点动又能连续运行控制电路的工作原理、元器件组成；电器自锁、失电压欠电压保护环节	教师评价、学生互评	能正确识别、筛选、使用元器件；熟练使用电工工具和万用表；能熟练按照电气接线图进行电路自检，以及查找故障点	能正确识别、使用元器件；熟练使用电工工具和万用表；能按照电气接线图进行电路自检，以及查找故障点	能正确使用元器件；能使用电工工具和万用表；能按照电气接线图进行电路自检，以及查找故障点	能正确识别元器件；能使用电工工具和万用表；能按照电气接线图进行接线

项目 2　三相异步电动机正反转控制电路的装调

学习目标：
1. 掌握三相异步电动机正反转控制电路板制作的方法。
2. 熟练掌握电气配线工艺标准、要求。
3. 熟练使用电工工具，熟练使用万用表。
4. 会测量绝缘电阻。
5. 会按照电气原理图、布置图和接线图进行线路自检，查找故障点。

任务 2.1　三相异步电动机正反转接触器联锁*控制电路的装调

【任务目标】

1. 掌握三相异步电动机正反转接触器联锁控制电路的工作原理。
2. 掌握三相异步电动机正反转接触器联锁控制电路板的制作。
3. 掌握接触器联锁的作用。

【任务描述】

三相异步电动机正反转接触器联锁控制电路的装调。
职业能力要点：
1. 熟练掌握三相异步电动机联锁控制电路工作原理，并能按图接线。
2. 会用万用表对电路进行故障判断，能做通电试验。
职业素质要求：
工具摆放合理，操作完毕后及时清理工作台，并填写使用记录。

【知识准备】

在生产生活中经常会遇到要求电动机拖动运动部件做往复运动的问题，例如小车在两个工作点做取料和送料的往复运动，这就要求电动机既能正转又能反转。电动机是如何从正转变成反转的呢？

生产实践中，许多设备均需要两个相反方向的运行控制，如机床工作台的进退、升降，主轴的正、反向运转，小车在两个工作点取料和送料的往复运动等，这就要求电动机既能正转又能反转。由电动机原理可知，只要把电动机三根电源进线任意对调两根，电动机即可实现反向运转。通常情况下，电动机正反转可逆运行操作的控制电路如图 2-1 所示。

---

* 接触器联锁即为单联锁。

2.1.1 正反转控制

如图 2-1 所示,接触器 KM_1、KM_2 主触点在主电路中构成正、反转相序的接线,从而可改变电动机转向。按下正向起动按钮 SB_2,KM_1 线圈得电并自锁,电动机正转;按下停止按钮 SB_1,电动机正转停止。按下反向起动按钮 SB_3,KM_2 线圈得电并自锁,使电动机定子绕组相序相反,则电动机反转;按下停止按钮 SB_1,电动机反转停止。从主回路看,如果 KM_1、KM_2 都通电产生闭合就会造成主回路短路。在图 2-1 中如果按下 SB_2 又按下 SB_3,就会造成上述事故。因此这种电路是不能采用的。

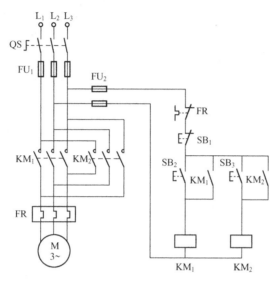

图 2-1 三相异步电动机正反转控制电路原理图(不带接触器联锁)

2.1.2 正反转接触器联锁(单联锁)控制

接触器 KM_1 和 KM_2 触点不能同时闭合,以免发生相间短路故障,因此需要在各自的控制电路中串接对方的常闭触点,构成互锁。如图 2-2 所示,电动机正转时,按下正向起动按钮 SB_2,KM_1 线圈得电并自锁,KM_1 常闭触点断开,这时按下反向起动按钮 SB_3,KM_2 也无法通电。当需要反转时,先按下停止按钮 SB_1,令 KM_1 断电使衔铁释放,KM_1 常开触点复位后断开,电动机停转。再按下反转起动按钮 SB_3,KM_2 线圈才能得电,电动机反转。由于电动机由正转切换成反转时,需先停下来,再反向起动,故称该电路为正-停-反控制电路,也叫正反转接触器联锁(单联锁)控制电路。接触器常闭触点间互相制约的关系称为联锁,而这两个常闭触点称为联锁触点。在机床控制电路中,这种互锁关系应用极为广泛。凡是有相反动作,如工作台上下、左右移动都需要有类似的这种联锁控制。

1. 各元器件的作用

QS:电源开关;FU_1:熔断器,用于主回路短路保护;FU_2:熔断器,用于控制回路短路保护;KM_1:接触器,用于正转控制;KM_2:接触器,用于反转控制;FR:热继电器,用于过载保护;SB_1:正转起动按钮(绿色);SB_2:反转起动按钮(黑色);SB_3:停止按钮(红色)。

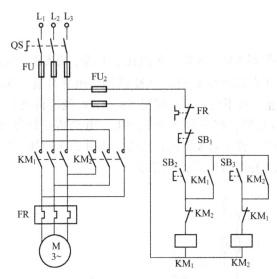

图 2-2　三相异步电动机正反转接触器联锁（单联锁）控制电路原理图

2. 工作原理

合上电源开关 QS。

（1）正转起动

按下 SB_2，$L_3 \rightarrow FU_2 \rightarrow FR \rightarrow SB_1 \rightarrow SB_2 \rightarrow KM_2$ 常闭触点 $\rightarrow KM_1$ 线圈 $\rightarrow L_1$，构成回路。

电路工作过程为：

KM_1 线圈得电 $\rightarrow$ $\begin{cases} KM_1 \text{ 主触点吸合} \rightarrow \text{电动机正转。} \\ KM_1 \text{ 辅助常闭触点分断} \rightarrow \text{实现联锁} \rightarrow \text{使 } KM_2 \text{ 线圈在 } KM_1 \text{ 工作的情况} \\ \quad \text{下不可能得电，从而保证了电路的安全可靠。} \\ KM_1 \text{ 辅助常开触点吸合} \rightarrow \text{自锁} \rightarrow \text{电动机实现连续运转。} \end{cases}$

（2）正转停止

按下 $SB_1 \rightarrow KM_1$ 线圈失电 $\rightarrow \begin{cases} KM_1 \text{ 主触点释放} \rightarrow \text{电动机停止运转。} \\ KM_1 \text{ 辅助触点释放} \rightarrow \text{解除联锁和自锁。} \end{cases}$

（3）反转起动

按下 SB_3，$L_3 \rightarrow FU_2 \rightarrow FR \rightarrow SB_1 \rightarrow SB_3 \rightarrow KM_1$ 常闭触点 $\rightarrow KM_2$ 线圈 $\rightarrow L_1$，构成回路。

电路工作过程为：

KM_2 线圈得电 $\rightarrow \begin{cases} KM_2 \text{ 主触点吸合} \rightarrow \text{电动机反转。} \\ KM_2 \text{ 辅助常闭触点分断} \rightarrow \text{实现联锁} \rightarrow \text{使 } KM_1 \text{ 线圈在 } KM_2 \text{ 工作的情况} \\ \quad \text{下不可能得电，从而保证了电路的安全可靠。} \\ KM_2 \text{ 辅助常开触点吸合} \rightarrow \text{自锁} \rightarrow \text{电动机实现连续运转。} \end{cases}$

（4）反转停止

按下 $SB_1 \rightarrow KM_2$ 线圈失电 $\rightarrow \begin{cases} KM_2 \text{ 主触点释放} \rightarrow \text{电动机停止运转。} \\ KM_2 \text{ 辅助触点释放} \rightarrow \text{解除联锁和自锁。} \end{cases}$

电路的工作特点是：要改变电动机的旋转方向必须先停车，然后再起动另一种旋转方向的运行。其操作顺序是：正→停→反或反→停→正，注意是要先停止，然后再起动另一种旋转方向的运行。

2.1.3 接线方法

三相异步电动机正反转接触器联锁（单联锁）控制电路接线图如图 2-3 所示。

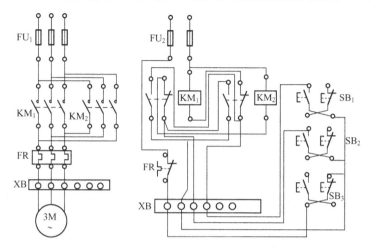

图 2-3 三相异步电动机正反转接触器联锁（单联锁）控制电路接线图

【任务实施】

本任务是三相异步电动机正反转接触器联锁（单联锁）控制电路的装调。其具体训练内容为安装步骤及工艺要求如下。

1）根据原理图绘出电动机正反转控制电路的电器位置图和电气接线图。

2）按原理图要求配齐所有元器件，并进行如下检验：

① 元器件的技术数据（如型号、规格、额定电压、额定电流）应完整并符合要求，外观无损伤。

② 元器件的电磁机构动作是否灵活，有无衔铁发生卡阻等不正常现象，用万用表检测电磁线圈的通断情况以及各触点的分合情况。

③ 接触器的线圈电压和电源电压是否一致。

④ 对电动机的质量进行常规检查，例如对每相绕组通断、绕组的相间绝缘性、绕组对地绝缘性的检查。

3）在电路板上按电器布置图安装对元器件，工艺要求如下：

① 组合开关、熔断器的受电端应安装在控制板的外侧。

② 每个元器件的安装位置应整齐、匀称、间距合理、便于布线及元件的更换。

③ 紧固各元器件时要用力均匀，紧固程度要适当。

4）按接线图的走线方法进行板前明线布线和套编码套管，板前明线布线的工艺要求如下：

① 布线通道尽可能地少，同路并行导线按主、控制电路进行分类和集中，单层密排，紧贴安装面。

② 同一平面的导线应高低一致或前后一致，不能交叉。非交叉不可时，应水平架空实现跨越，但必须走线合理。

③ 布线应横平竖直，分布均匀，变换走向时应垂直。

④ 布线时严禁损伤线芯和导线的绝缘层。

⑤ 在每根剥去绝缘层导线的两端套上编码套管。所有从一个接线端子（或线桩）到另一个接线端子（或接线桩）的导线必须连接，中间无接头。

⑥ 导线与接线端子或接线桩连接时，不得压绝缘层、不反圈及不能露出过长铜导线。

⑦ 一个电气元件接线端子上的连接导线不得多于两根。

5）根据电气接线图检查电路板布线是否正确。

6）安装电动机。

7）对电动机进行接地保护。

8）连接电源、电动机等控制电路板外部的导线。

9）自查内容：

① 按电路原理图或电气接线图从电源端开始，逐段核对接线及接线端子处是否正确，有无漏接、错接之处。检查导线接点是否符合要求，压接是否牢固。其接触应良好，以免带负载运行时产生闪弧现象。

② 用万用表检查电路的通断情况。检查时，应选用倍率适当的电阻挡，并进行欧姆挡的校零，以防短路故障发生。对控制电路的检查（可断开主电路），可将表笔分别搭在 FU_2 的两个端子上，读数应为"∞"。按下 SB_2 或 SB_3 时，读数应为接触器线圈的电阻值，然后断开控制电路再检查主电路有无开路或短路现象，此时可用手动操作来代替接触器通电进行检查。

③ 用兆欧表检查电路的绝缘电阻，其阻值应不得小于 $0.5\,M\Omega$。

④ 布线合理性检查：

- 控制按钮中停止按钮的一端与两个起动按钮连接情况的检查。例如图 2-2 中 SB_1 一端与热继电器常闭触点相接，另一端与 SB_2 和 SB_3 常开触点相接，这时用一根线接 SB_2，用一根线接 SB_2 和 SB_3，通过 SB_3 接 KM_1、KM_2 辅助常开触点。
- 导线走的是否是直线。

注意事项：

- 元器件检查时一定要选好万用表的挡位。
- 元器件安装是否牢固。注意导线与元件连接要牢固，若导线接得不牢固，可拔掉重新拧紧（不可一拽就掉线）。
- 元器件上的压片不能压住导线的绝缘皮（若压住时用万用表检查的结果是一条线路不通）。
- 使用万用表要先从主电路开始检查，尤其注意接触器的连接，不能缺线（有些同学容易缺一根线）。
- 停止按钮一定是红色按钮，读者容易将中间的黑色按钮设置成停止按钮。

10）必须经指导教师检查无误后才能通电试车，通电完毕后要先拆除电源线，后拆除负载线。

11）通电后常见的故障。

① 没有自锁：现象是按下起动按钮时电动机运行，松开时电动机停止，原因是正转自锁线未接。

② 按钮接线不正确：现象是反转无法实现，用万用表测线路不通（SB_2 常闭触点上缺一根接 KM_1 常闭触点的连线）。

12）根据以上考核要点对学生进行逐项成绩评定，参见表 2-1，给出任务的综合实训成绩。

表 2-1 实训成绩评定表

任务内容	分值/分	考核要点及评分标准	扣分/分	得分/分
三相异步电动机正反转接触器联锁单联锁控制电路的安装与检修	80	未按照要求正确绘制布置图和接线图，扣 10 分		
		不能正确安装器件，每个扣 5 分		
		验收不合格，检修方法不正确，每错 1 次扣 10 分		
安全、规范操作	10	每违规 1 次扣 2 分		
整理器材、工具	10	未将器材、工具等放到规定位置，扣 5 分		
合计				

【考核与评价】

考核与评价内容参见表 2-2。

表 2-2 考核与评价

考核点	建议考核方式	评价标准			
		优	良	中	及格
三相异步电动机正反转接触器联锁（单联锁）控制电路的工作原理、元器件组成；电气联锁、机械联锁、保护环节的概念和综合运用	教师评价、学生互评	熟练掌握组成正反转接触器联锁（单联锁）控制电路的一般规律；熟练掌握电气联锁、机械联锁、保护环节的概念和综合运用	较好地掌握组成正反转接触器联锁（单联锁）控制电路的一般规律；掌握电气联锁、机械互锁、保护环节的概念和综合运用	掌握组成正反转接触器联锁（单联锁）控制电路的一般规律；掌握电气联锁、机械联锁、保护环节的概念和综合运用	基本掌握组成正反转接触器联锁（单联锁）控制电路的一般规律；基本掌握电气联锁、机械联锁、保护环节的概念和综合运用

任务 2.2 三相异步电动机正反转双联锁控制电路的装调

【任务目标】

1. 掌握三相异步电动机正反转双联锁控制电路的工作原理；
2. 掌握三相异步电动机正反转双联锁控制电路板的制作；
3. 掌握电气联锁和机械联锁的作用。

【任务描述】

三相异步电动机正反转双联锁控制电路的装调。

职业能力要点：

1. 熟练掌握三相异步电动机正反转双联锁控制电路工作原理，并能按图接线；
2. 会用万用表对电路进行故障判断，能做通电试验。

职业素质要求：

工具摆放合理，操作完毕后及时清理工作台，并填写使用记录。

【知识准备】

正反转单联锁是指电动机由正转到反转，必须先按停止按钮，才可以切换。这在操作上不方便，为了解决这个问题，可利用复合按钮进行控制。将图2-4是将起动按钮均换为复合按钮后形成的按钮、接触器双联锁控制电路。

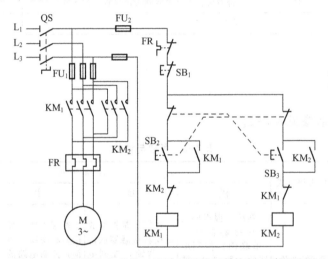

图2-4 三相异步电动机正反转双联锁运行控制电路原理图

"正-反-停"控制即正反转双联锁控制，所谓双联锁就是电气联锁和机械联锁联合使用。

2.2.1 各元器件的作用

QS：电源开关；FU_1：熔断器，用于主回路短路保护；FU_2：熔断器，用于控制回路短路保护；KM_1：接触器，用于正转控制；KM_2：接触器，用于反转控制；FR：热继电器，用于过载保护；SB_2：复合按钮，用于正转起动或反转停止（绿色）；SB_3：复合按钮，用于反转起动或正转停止（黑色）；SB_1：停止按钮（红色）。

2.2.2 工作原理

合上电源开关QS。

1. 电动机正转

按下 SB_2，$L_1 \to FU_2 \to FR \to SB_1 \to SB_3$ 常闭触点$\to SB_2$ 常开触点$\to KM_2$ 常闭触点$\to KM_1$ 线圈$\to FU_2 \to L_3$，构成回路。

电路工作过程为：

KM_1 线圈得电$\to \begin{cases} KM_1 \text{ 主触点吸合}\to\text{电动机正转。} \\ KM_1 \text{ 辅助常闭触点分断}\to\text{实现联锁}\to\text{使 } KM_2 \text{ 线圈在 } KM_1 \text{ 工作的情况} \\ \qquad\qquad\qquad\qquad\text{下不可能得电，从而保证了电路的安全可靠。} \\ KM_1 \text{ 辅助常开触点吸合}\to\text{自锁}\to\text{电动机实现连续正向运行。} \end{cases}$

2. 电动机直接反转

按下 SB_3，$L_1 \to FU_2 \to FR \to SB_1 \to SB_2$ 常闭触点$\to SB_3$ 常闭触点$\to KM_1$ 常闭触点$\to KM_2$ 线圈$\to FU_2 \to L_3$，构成回路。

电路工作过程为：

KM_1 线圈失电$\to \begin{cases} KM_1 \text{ 主触点释放}\to\text{电动机停止正转。} \\ KM_1 \text{ 辅助触点释放}\to\text{解除联锁和自锁。} \end{cases}$

KM_2 线圈得电$\to \begin{cases} KM_2 \text{ 主触点吸合}\to\text{电动机反转。} \\ KM_2 \text{ 辅助常闭触点分断}\to\text{实现联锁}\to\text{使 } KM_1 \text{ 线圈在 } KM_2 \text{ 工作的情况} \\ \qquad\qquad\qquad\qquad\text{下不可能得电，从而保证了电路的安全可靠。} \\ KM_2 \text{ 辅助常开触点吸合}\to\text{自锁}\to\text{电动机实现连续反向运转。} \end{cases}$

3. 再按下 SB_2 后电动机又回到正转的状态

电路工作过程为：$L_1 \to FU_2 \to FR \to SB_1 \to SB_3$ 常闭触点$\to SB_2$ 常开触点$\to KM_2$ 常闭触点$\to KM_1$ 线圈$\to FU_2 \to L_3$，构成回路。

KM_2 线圈失电$\to \begin{cases} KM_2 \text{ 主触点释放}\to\text{电动机停止反转。} \\ KM_2 \text{ 辅助触点释放}\to\text{解除联锁和自锁。} \end{cases}$

KM_1 线圈得电$\to \begin{cases} KM_1 \text{ 主触点吸合}\to\text{电动机正转。} \\ KM_1 \text{ 辅助常闭触点分断}\to\text{实现联锁}\to\text{使 } KM_2 \text{ 线圈在 } KM_1 \text{ 工作的情况} \\ \qquad\qquad\qquad\qquad\text{下不可能得电，从而保证了电路的安全可靠。} \\ KM_1 \text{ 辅助常开触点吸合}\to\text{自锁}\to\text{电动机实现连续运转} \\ KM_1 \text{ 辅助触点释放}\to\text{解除联锁和自锁。} \end{cases}$

不论在什么情况下，按下 $SB_3 \to$ 都会使 KM_1 或 KM_2 线圈失电$\to$ 接触器主触点释放$\to$ 电动机停止运行。

双联锁电路的特点是：要改变电动机的旋转方向不必先停车。其操作顺序是：正→反→停→反→正→停→；或反→正→停→正→反→停→。

2.2.3 接线方法

图 2-4 对应的实物接线图如图 2-5 所示。

【任务实施】

三相异步电动机正反转双联锁控制电路板的装调。

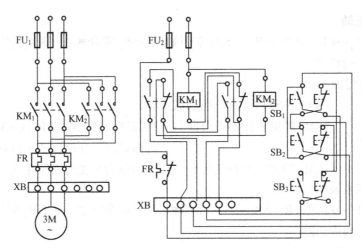

图 2-5 三相笼型异步电动机正反转双联锁控制电路接线图

该部分内容类似于任务 2.1 三相异步电动机正反转接触器联锁（单联锁）控制电路的装调中"任务实施"部分。

由于双联锁线路比较复杂，现将具体的检查步骤列出，主要是对控制电路的检查。

(1) 将电源开关 QS 断开。

(2) 将万用表调至 R×10 或 R×100 挡，对欧姆挡调零。将红、黑两表笔分别接于 QS 出线端的 L_1 和 L_3。

(3) 按下 SB_2 时万用表应显示接触器 KM_1 线圈的电阻值。若显示为零，则证明 KM_1 控制电路有短路故障，若显示为无穷大，则证明接触器 KM_1 控制电路有开路故障。

(4) 按下 SB_2，再按下 SB_3，万用表显示值由接触器 KM_1 线圈的电阻值转变为零，则证明 SB_2 常闭触点、SB_1 常开触点、SB_3 与接触器 KM_1 线圈之间的接线正确。

(5) 上述检查无误，可以通电试运行。

实训成绩评定内容如表 2-3 所列。

表 2-3 实训成绩评定表

任 务 内 容	分值/分	考核要点及评分标准	扣分/分	得分/分
三相异步电动机正反转双联锁控制电路的安装与检修	80	未按照要求正确绘制布置图和接线图，扣 10 分		
		不能正确安装器件，每个扣 5 分		
		验收不合格，检修方法不正确，每错 1 次扣 10 分		
安全、规范操作	10	每违规 1 次扣 2 分		
整理器材、工具	10	未将器材、工具等放到规定位置，扣 5 分		
合计				

【考核与评价】

考核与评价内容参见表 2-4。

表 2-4 考核与评价

考 核 点	建议考核方式	评 价 标 准			
		优	良	中	及 格
三相异步电动机正反转双联锁控制电路的工作原理、元器件组成；电气联锁、机械联锁、保护环节的概念和综合运用	教师评价、学生互评	熟练掌握组成三相笼型异步电动机正反转电气控制电路的一般规律；熟练掌握电气联锁、机械联锁、保护环节的概念和综合运用	熟练掌握组成三相笼型异步电动机正反转电气控制电路的一般规律；掌握电气联锁、机械联锁、保护环节的概念和综合运用	掌握组成三相笼型异步电动机正反转电气控制电路的一般规律；掌握电气联锁、机械联锁、保护环节的概念和综合运用	基本掌握组成三相笼型异步电动机正反转电气控制电路的一般规律；基本掌握电气联锁、机械联锁、保护环节的概念和综合运用

项目 3　三相异步电动机两地控制正反转电路的装调

【学习目标】

1. 掌握两地控制正反转电路板的制作方法。
2. 了解电气配线工艺标准、要求。
3. 熟练使用电工工具，熟练使用万用表。
4. 会测量绝缘电阻。
5. 会按照电气原理图、布置图和接线图进行线路自检，查找故障点。

任务 3.1　三相异步电动机两地控制正反转单联锁电路的装调

【任务目标】

1. 通过两地控制正反转单联锁电路的安装与检修技能训练，让学生具备绘制电气布置图和接线图、编制所需器件明细表的基本技能。
2. 掌握三相异步电动机两地控制正反转单联锁电路安装与检修的操作技能。
3. 掌握电工安全操作规程，掌握安全用电操作技能。
4. 了解三相异步电动机两地控制正反转单联锁电路的设计方法。

【任务描述】

三相异步电动机两地控制正反转单联锁电路的装调。

职业能力要点：

1. 理解三相异步电动机两地控制正反转单联锁电路工作原理，并能按图接线。
2. 会用万用表对线路进行故障判断，能做通电试验。

职业素质要求：工具摆放合理，操作完毕后及时清理工作台，并填写使用记录。

【知识准备】

三相异步电动机两地控制正反转运行是指在甲、乙两地分别控制这台电动机的正反转运行。图 3-1 是三相异步电动机两地控制正反转电路原理图。

3.1.1　各元器件的作用

QS：电源开关；FU_1：熔断器，作为主回路短路保护；FU_2：熔断器，作为控制回路短路保护；

KM_1：接触器，作为正转控制；KM_2：接触器，作为反转控制；FR：热继电器，作为过载保护；SB_1：甲地控制中用于正转起动（绿色）；SB_3：甲地控制中用于反转起动（黑

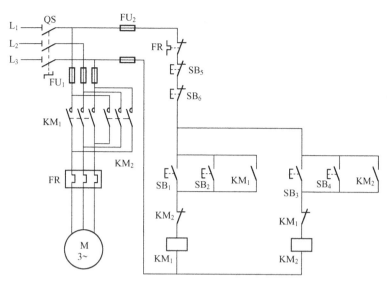

图 3-1 三相异步电动机两地控制正反转电路原理图

色）；SB_5：甲地控制中作为停止按钮（红色）。SB_2：乙地控制中作为正转起动按钮（绿色）；SB_4：乙地控制中作为反转起动按钮（黑色）；SB_6：乙地控制中作为停止按钮（红色）。

3.1.2 工作原理

合上电源开关 QS。

按下 SB_1 或 SB_2，L_1→$FU2$→FR→SB_5→SB_6→SB_1 或 SB_2 常开触点→KM_2 常闭触点→KM_1 线圈→FU_2→L_3，构成回路。

电路工作过程为：

KM_1 线圈得电→$\begin{cases} KM_1 \text{ 主触头吸合→电动机正转。} \\ KM_1 \text{ 辅助常闭触头分断→实现联锁→使 } KM_2 \text{ 线圈在 } KM_1 \text{ 工作的情况} \\ \qquad\qquad\qquad\qquad \text{下不可能得电，从而保证了电路的安全可靠。} \\ KM_1 \text{ 辅助常开触头吸合→自锁→电动机实现连续正向运行。} \end{cases}$

按下 SB_5 或 SB_6→KM_1 线圈失电→$\begin{cases} KM_1 \text{ 主触头释放→电动机停止正转。} \\ KM_1 \text{ 辅助触头释放→解除联锁和自锁。} \end{cases}$

再按下 SB_3 或 SB_4，L_1→$FU2$→FR→SB_5→SB_6→SB_3 或 SB_4 常开触点→KM_1 常闭触点→KM_2 线圈→FU_2→L_3，构成回路。

电路工作过程为：

KM_2 线圈得电→$\begin{cases} KM_2 \text{ 主触头吸合→电动机反转。} \\ KM_2 \text{ 辅助常闭触头分断→实现联锁→使 } KM_1 \text{ 线圈在 } KM_2 \text{ 工作的情况} \\ \qquad\qquad\qquad\qquad \text{下不可能得电，从而保证了电路的安全可靠。} \\ KM_2 \text{ 辅助常开触点吸合→自锁→电动机实现连续反向运行。} \end{cases}$

其操作顺序是：正→停→反→停→正→停→反→；或反→停→正→停→反→停→，也就是要先停止，然后再进行另一种旋转方向的运动。

注意：在甲地和乙地需要分别装有电动机的起动按钮和停止按钮，用以在甲地和乙地分别对电动机进行起动和停止的控制操作。在接线时两地的起动按钮是并联连接的，两地的停止按钮是串联连接的。

3.1.3 接线方法

三相异步电动机两地控制正反转单联锁接线图如图 3-2 所示。

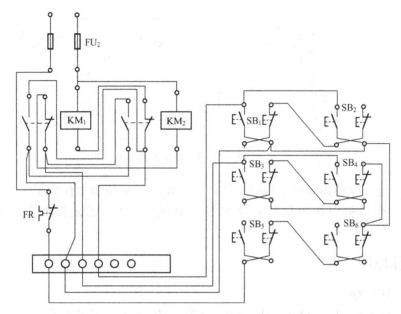

图 3-2 三相异步电动机两地控制正反转单联锁接线图

3.1.4 电路检查

主要是检查控制电路，其步骤如下。

1）将电源开关 QS 断开。

2）将万用表调至 R×10 或 R×100 挡，对欧姆挡进行调零。将红、黑两表笔分别接于 QS 出线端的 L_1 和 L_3。

3）按下 SB_1 或 SB_2，万用表应显示接触器 KM_1 线圈的电阻值。若显示为零，则说明接触器 KM_1 控制电路有短路故障，若显示为无穷大，则说明接触器 KM_1 控制电路有开路故障。

4）按下 SB_3 或 SB_4，万用表应显示接触器 KM_2 线圈的电阻值。若显示为零，则说明接触器 KM_2 控制电路有短路故障，若显示为无穷大，则说明接触器 KM_2 控制电路有开路故障。

5）按住 SB_5 或 SB_6，万用表显示为无穷大，则说明 KM_1 或 KM_2 线圈的开路。

6）按下接触器 KM_1 主触头，万用表显示接触器 KM_1 线圈的电阻值，说明接触器 KM_1 自锁点的接线正确。

7）按下接触器 KM_2 主触头，万用表显示接触器 KM_2 线圈的电阻值，说明接触器 KM_2 自锁点的接线正确。

8）上述检查无误，可以通电试运行。

【任务实施】

绘制电气布置图和接线图，编制所需器材明细表，进行三相异步电动机两地控制正反转单联锁电路的安装与检修。

1. 编制技能训练器材明细表

本技能训练任务所需器材见表 3-1。

表 3-1 技能训练器材明细表

器件序号	器 材 名 称	性 能 规 格	所需数量	用途备注
01	两地控制线路组成器件		1套	
02	三相异步电动机	Y112M-4，4kW，380 V，△接	1台	
03	电路板		1块	
04	木螺钉		若干	
05	平垫片		若干	
06	劳保用品		1套	
07	导线		若干	
08	兆欧表	500 V	1块	
09	验电笔	500 V	1支	
10	万用电表	MF-47	1块	
11	常用维修电工工具		1套	

2. 技能训练前的检查与准备

1）确认技能训练环境符合维修电工操作的要求。
2）确认技能训练器材与测试仪表性能是否良好。
3）编制技能训练操作流程。
4）做好操作前的各项安全工作。

3. 技能训练实施步骤

技能训练实施步骤简述如下。

1）绘制和分析电路原理图，设计布置图和接线图，原理图如图 3-1 所示，布置图和接线图可自行设计。

2）按照技能训练器材明细表，准备器材、工具以及仪器仪表。

3）根据布置图，安装和固定电器元件。

4）根据接线图，进行布线安装，完成整个控制电路板的接线。

5）安装及接线完成后，认真仔细检查线路。

6）将电路板整理后，交给教师进行验收（不经过此步骤，学生不能进行下一步骤）。

7）连接电源，通电试车。

试车成功率以通电后第一次按下按钮时计算。

8）故障检修。出现故障后，应独立进行检修。若需带电检查时，教师必须在现场负责安全监护。检修完毕后,如需要再次试车,教师也应该在现场负责安全监护,并做好时间记录。

9) 试车成功后,记录完成时间及通电试车次数。

10) 通电试车完毕,使电动机停转,切断电源。先拆除三相电源线,再拆除电动机线。

4. 清理现场和整理器材

训练完成后,清理现场,整理所用器材、工具,按照要求将其放置到规定位置。

5. 考核要点

1) 检查是否按照要求正确绘制布置图和电路图,编制器材明细表,器材的使用和安装是否正确。

2) 检查安装敷设施工是否符合要求,是否做到安全、美观、规范,是否时刻注意遵守安全操作规定,操作是否规范。

3) 检查与验收电路板质量是否合格,对其进行通电测试看是否能达到实训项目目标,是否会采取正确的方法进行故障检修。

4) 根据以上考核要点对学生进行逐项成绩评定,参见表3-2,给出任务的综合实训成绩。

表3-2 实训成绩评定表

任务内容	分值/分	考核要点及评分标准	扣分/分	得分/分
三相异步电动机两地控制单联锁电路的安装与检修	80	未按照要求正确绘制布置图和接线图,扣10分		
		不能正确安装器件,每个扣5分		
		验收不合格,检修方法不正确,每错1次扣10分		
安全、规范操作	10	每违规1次扣2分		
整理器材、工具	10	未将器材、工具等放到规定位置,扣5分		
合计				

【考核与评价】

考核与评价参见表3-3。

表3-3 考核与评价

考核点(所占比例)	建议考核方式	评价标准			
		优	良	中	及格
三相异步电动机两地控制正反转单联锁电路的工作原理、元器件组成;电器互锁、机械互锁、保护环节的概念和综合运用	教师评价、学生互评	熟练掌握组成两地控制正反转单联锁电路的一般规律;熟练掌握电器互锁、机械互锁、保护环节的概念和综合运用	熟练掌握组成两地控制正反转单联锁电路的一般规律;掌握电器互锁、机械互锁、保护环节的概念和综合运用	掌握组成两地控制正反转单联锁电路的一般规律;掌握电器互锁、机械互锁、保护环节的概念和综合运用	基本掌握组成两地控制正反转单联锁电路的一般规律;基本掌握电器互锁、机械互锁、保护环节的概念和综合运用

任务 3.2 三相异步电动机两地控制正反转双联锁电路的装调

【任务目标】

1. 通过两地控制正反转双联锁电路的安装与检修技能训练，让学生具备绘制电气布置图和接线图、编制所需正反转双联锁电器件明细表的基本技能。
2. 掌握三相异步电动机两地控制正反转双联锁电路安装与检修的操作技能。
3. 掌握电工基本安全操作规程，掌握安全用电基本操作技能。
4. 了解三相异步电动机两地控制正反转双联锁电路的设计方法。

【任务描述】

三相异步电动机两地控制正反转双联锁电路的装调。
职业能力要点：
1. 熟练掌握三相异步电动机两地控制正反转双联锁电路工作原理，并能按图接线。
2. 会用万用表对线路进行故障判断，能做通电试验。
职业素质要求：工具摆放合理，操作完毕后及时清理工作台，并填写使用记录。

【知识准备】

可在甲、乙两地分别对一台电动机双联锁可逆运行进行的控制，称为两地双联锁可逆控制。

图 3-3 为三相异步电动机两地控制正反转双联锁电路原理图。

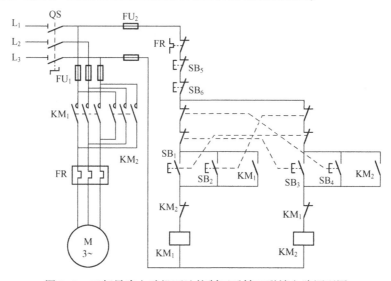

图 3-3 三相异步电动机两地控制正反转双联锁电路原理图

3.2.1 各元器件的作用

QS：电源开关。

FU_1：熔断器，主回路短路保护；FU_2：熔断器，控制回路短路保护。

KM_1：接触器，正转控制；KM_2：接触器，反转控制。

FR：热继电器，过载保护；SB_1：甲地控制中作为正转起动按钮（绿色）。

SB_3：甲地控制的反转起动按钮（黑色）；SB_5：甲地控制中作为停止按钮（红色）。

SB_2：乙地控制中作为正转起动按钮（绿色）；SB_4：乙地控制中作为反转起动按钮（黑色）；

SB_6：乙地控制中作为停止按钮（红色）。

3.2.2 工作原理

合上电源开关QS。

1. 电动机正转起动

按下 SB_1 或 SB_2，L_1→FU2→FR→SB_5→SB_6→SB_4 常闭触点→SB_3 常闭触点→SB_1 或 SB_2 常开触点→KM_2 常闭触点→KM_1 线圈→FU_2→L_3，构成回路。

电路工作过程为：

KM_1 线圈得电→ { KM_1 主触点吸合→电动机正转。
　　　　　　　　　KM_1 辅助常闭触点分断→实现联锁→使 KM_2 线圈在 KM_1 工作的情况下不可能得电，从而保证了电路的安全可靠。
　　　　　　　　　KM_1 辅助常开触点吸合→自锁→电动机实现连续正向运行。

2. 电动机反转起动

按下 SB_3 或 SB_4，L_1→FU2→FR→SB_5→SB_6→SB_2 常闭触点→SB_1 常闭触点→SB_3 或 SB_4 常开触点→KM_1 常闭触点→KM_2 线圈→FU_2→L_3，构成回路。

电路工作过程为：

KM_1 线圈失电→ { KM_1 主触点释放→电动机停止正转。
　　　　　　　　　KM_1 辅助触点释放→解除联锁和自锁。

KM_2 线圈得电→ { KM_2 主触点吸合→电动机反转。
　　　　　　　　　KM_2 辅助常闭触点分断→实现联锁→使 KM_1 线圈在 KM_2 工作的情况下不可能得电，从而保证了电路的安全可靠。
　　　　　　　　　KM_2 辅助常开触点吸合→自锁→电动机实现连续反向运转。

3. 电动机再次正转

再按下 SB_1 或 SB_2，L_1→FU2→FR→SB_5→SB_6→SB_4 常闭触点→SB_3 常闭触点→SB_1 或 SB_2 常开触点→KM_2 常闭触点→KM_1 线圈→FU_2→L_3，构成回路。

电路工作过程为：

KM_2 线圈失电→ { KM_2 主触点释放→电动机停止反转。
　　　　　　　　　KM_1 辅助触点释放→解除联锁和自锁。

KM_1 线圈得电→ { KM_1 主触点吸合→电动机正转。
　　　　　　　　　KM_1 辅助常闭触点分断→实现联锁→使 KM_2 线圈在 KM_1 工作的情况下不可能得电，从而保证了电路的安全可靠。
　　　　　　　　　KM_1 辅助常开触点吸合→自锁→电动机实现连续正向运行。

不论在什么情况下，按下 SB_5 或 SB_6 → $\begin{cases}都会使 KM_1 或 KM_2 线圈失电→接触器触点释放\\ →电动机停止运转。\\ 接触器辅助触点释放→解除联锁和自锁。\end{cases}$

本类型电路的工作特点是：要改变电动机的旋转方向不必先停车，其操作顺序是：正→反→停→反→正→停→；或反→正→停→正→反→停→。

3.2.3 接线方法

三相异步电动机两地控制正反转双联锁电路接线图如图 3-4 所示。

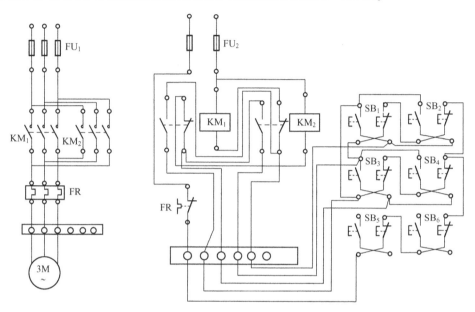

图 3-4 三相异步电动机两地控制正反转双联锁电路接线图

3.2.4 电路检查

控制电路的检查步骤如下：

1) 将电源开关 QS 断开。

2) 将万用表调至 R×10 或 R×100 挡，对欧姆挡进行调零。将红、黑两表笔分别接于 QS 出线端的 L_1 和 L_3。

3) 按下按钮 SB_1 或按钮 SB_2，万用表应显示接触器 KM_1 线圈的电阻值。若显示为零，则说明接触器 KM_1 控制电路有短路故障，若显示为无穷大，则说明接触器 KM_1 控制电路有开路故障。

4) 按下按钮 SB_3 或按钮 SB_4，万用表指针偏转后显示为零，说明电动机反转。

5) 按下按钮 SB_5 或按钮 SB_6，万用表显示为无穷大，说明接触器 KM_1 或接触器 KM_2 线圈处于开路，电动机停止转动。

6) 按下接触器 KM_1 主触点，万用表显示接触器 KM_1 线圈的电阻值，说明 KM_1 自锁点的接线正确。

7) 按下接触器 KM_2 主触点，万用表显示接触器 KM_2 线圈的电阻值，说明 KM_2 自锁点的接线正确。

8）上述检查无误，可以通电试运行。

【任务实施】

绘制电气布置图和接线图，编制所需器材明细表，进行三相异步电动机两地控制正反转双联锁电路的安装与检修。

本部分内容可参考任务 3.1 三相异步电动机两地控制正反转单联锁电路的装调中"任务实施"部分的相应内容。

【考核与评价】

考核与评价参见表 3-5。

表 3-5　考核与评价

考核点 （所占比例）	建议考核方式	评价标准			
		优	良	中	及　格
三相异步电动机两地控制正反转双联锁电路的工作原理、元器件组成；电器互锁、机械互锁、保护环节的概念和综合运用	教师评价、学生互评	熟练掌握组成两地控制正反转双联锁电路的一般规律；熟练掌握电器互锁、机械互锁、保护环节的概念和综合运用	熟练掌握组成两地控制正反转双联锁电路的一般规律；掌握电器互锁、机械互锁、保护环节的概念和综合运用	掌握组成两地控制正反转双联锁电路的一般规律；掌握电器互锁、机械互锁、保护环节的概念和综合运用	基本掌握组成两地控制正反转双联锁电路的一般规律；基本掌握电器互锁、机械互锁、保护环节的概念和综合运用

项目 4　三相异步电动机顺序起动控制电路的装调

【学习目标】

1. 掌握顺序起动控制电路板的制作方法。
2. 了解电气配线工艺标准、要求。
3. 熟练使用电工工具和万用表。
4. 会测量绝缘电阻。
5. 会按照电气原理图、布置图和接线图进行线路自检,查找故障点。

任务 4.1　三相异步电动机顺序起动、同时停止控制电路的装调

【任务目标】

1. 通过三相异步电动机顺序起动、同时停止控制电路的安装与检修技能训练,让学生具备绘制电气布置图和接线图,编制所需的器材明细表的基本技能。
2. 掌握三相异步电动机顺序起动、同时停止控制电路安装与检修的操作技能。
3. 掌握电工安全操作规程和安全用电操作技能。

【任务描述】

三相异步电动机顺序起动、同时停止控制电路板的装调。

职业能力要点:

1. 熟练掌握三相异步电动机顺序起动、同时停止控制电路工作原理,并能按图接线。
2. 会用万用表对线路进行故障判断,能做通电试验。

职业素质要求:工具摆放合理,操作完毕后及时清理工作台,并填写使用记录。

【知识准备】

三相异步电动机顺序起动、同时停止控制电路原理图如图 4-1 所示。

三相异步电动机顺序起动、同时停止是指两台电动机 M_1 先起动、M_2 后起动的顺序起动,按下停止按钮时两台电动机 M_1、M_2 可以同时停止。而且,只能是 M_1 先起动、M_2 后起动,如果操作错误,则主令操作无效。

4.1.1　各元器件的作用

QS:电源开关;
FU_1、FU_2:主回路熔断器,用于短路保护;FU_3:控制回路熔断器,用于短路保护;
KM_1:控制 M_1 的交流接触器;KM_2:控制 M_2 的交流接触器;

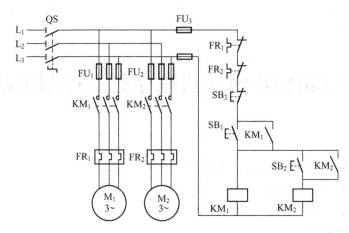

图 4-1 三相异步电动机顺序起动、同时停止控制电路原理图

FR_1：热继电器，用于 M_1 的过载保护；FR_2：热继电器，用于 M_2 的过载保护；
SB_1：控制 M_1 的起动按钮，绿色；SB_2：控制 M_2 的起动按钮，绿色；SB_3：两台电动机的停止按钮，红色。

4.1.2 工作原理

合上电源开关 QF。

按下 SB_1，$L_1 \rightarrow FU_3 \rightarrow FR_1 \rightarrow FR_2 \rightarrow SB_3 \rightarrow SB_1 \rightarrow KM_1$ 线圈 $\rightarrow FU_3 \rightarrow L_3$，构成回路。

电路工作过程为：

KM_1 线圈得电 $\begin{cases} KM_1 \text{ 主触点吸合} \rightarrow \text{电动机 } M_1 \text{ 起动}。\\ KM_1 \text{ 辅助常开触点吸合} \rightarrow \text{自锁} \rightarrow \text{电动机 } M_1 \text{ 实现连续运转}。\end{cases}$

按下 SB_2，$L_1 \rightarrow FU_3 \rightarrow FR_1 \rightarrow FR_2 \rightarrow SB_3 \rightarrow KM_1 \rightarrow SB_2 \rightarrow KM_2$ 线圈 $\rightarrow FU_3 \rightarrow L_3$，构成回路。

电路工作过程为：

KM_2 线圈得电 $\begin{cases} KM_2 \text{ 主触点吸合} \rightarrow \text{电动机 } M_2 \text{ 起动}。\\ KM_2 \text{ 辅助常开触点吸合} \rightarrow \text{自锁} \rightarrow \text{电动机 } M_2 \text{ 实现连续运转}。\end{cases}$

按下 SB3，两台电动机同时停止转动。

本控制电路的操作顺序是：按下 $SB_1 \rightarrow M_1$ 起动 $\rightarrow$ 按下 $SB_2 \rightarrow M_2$ 起动 $\rightarrow$ 按下 $SB_3 \rightarrow$ 两台电动机同时停止转动。违反上述操作顺序时操作无效。

4.1.3 接线方法

三相异步电动机顺序起动、同时停止控制电路接线图如图 4-2 所示。

4.1.4 电路检查

1）将电源开关 QS 断开。

2）将万用表调至 R×10 或 R×100 挡，对欧姆挡进行调零。将红、黑两表笔分别接于 QS 出线端的 L_1 和 L_2。

3）按下按钮 SB_1，万用表应显示接触器 KM_1 线圈的电阻值。若显示为零，则说明接触器 KM_1 控制电路有短路故障，若显示为无穷大，则说明接触器 KM_1 控制电路有开路故障。

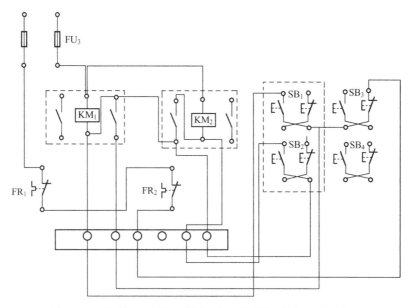

图 4-2 三相异步电动机顺序起动、同时停止控制电路接线图

4）按住按钮 SB_1，再按下按钮 SB_2，若万用表显示电阻值增大，则说明接触器 KM_1、接触器 KM_2 两个线圈的接线正确。

5）按下按钮 SB_3，万用表指针返回，说明电阻值为零，两台电动机停止转动。

6）上述检查无误，可以通电试运行。

【任务实施】

绘制电气布置图和接线图，编制所需的器材明细表，进行三相异步电动机顺序起动、同时停止电路的安装与检修。

1. 编制技能训练器材明细表

本技能训练任务所需器材见表 4-1。

表 4-1 技能训练器材明细表

器件序号	器 件 名 称	性 能 规 格	所需数量	用途备注
01	顺序控制电路组成器件		1 套	
02	三相异步电动机	Y112M-4，4 kW，380 V，△联结	1 台	
03	电路板		1 块	
04	木螺钉		若干	
05	平垫片		若干	
06	劳保用品		1 套	
07	导线		若干	
08	兆欧表	500 V	1 块	
09	验电笔	500 V	1 支	
10	万用电表	MF-47	1 块	
11	常用维修电工工具		1 套	

2. 技能训练前的检查与准备

1）确认技能训练环境符合维修电工操作的要求。
2）确认技能训练器材与测试仪表性能是否良好。
3）编制技能训练操作流程。
4）做好操作前的各项安全工作。

3. 技能训练实施步骤

技能训练实施步骤简述如下。

1）绘制和分析电路原理图，设计布置图和接线图，其原理图如图 4-1 所示，布置图和接线图可自行设计。
2）按照技能训练器材明细表，准备器材、工具以及仪器仪表。
3）根据布置图，安装和固定电器元件。
4）根据接线图，进行布线安装，完成整个控制电路板的接线。
5）安装及接线完成后，认真仔细检查线路。
6）将电路板整理后，交给教师进行验收。
7）连接电源，通电试车。试车成功率以通电后第一次按下按钮时计算。
8）故障检修。出现故障后，应独立进行检修。若需带电检查时，教师必须在现场负责安全监护。检修完毕后，如需要再次试车，教师也应该在现场负责安全监护，并做好时间记录。
9）试车成功后，记录完成时间及通电试车次数。
10）通电试车完毕，使电动机停转，切断电源。先拆除三相电源线，再拆除电动机线。

4. 清理现场和整理器材

训练完成后，清理现场，整理好所用器材、工具，按照要求放置到规定位置。

5. 考核要点

1）检查是否按照要求正确绘制布置图和接线图，编制器材明细表，器件的使用和安装是否正确。
2）检查安装敷设施工是否符合要求，是否做到安全、美观、规范，是否时刻注意遵守安全操作规定，操作是否规范。
3）检查与验收电路板质量是否合格，对其进行通电测试看是否达到实训目标，是否会采取正确的方法进行故障检修。
4）根据以上考核要点对学生进行逐项成绩评定，参见表 4-2，给出该任务的综合实训成绩。

表 4-2 实训成绩评定表

任务内容	分值/分	考核要点及评分标准	扣分/分	得分/分
三相异步电动机顺序起动、同时停止控制电路的安装与检修	80	未按照要求正确绘制工程电路图，扣 10 分		
		不能正确安装器件，每个扣 5 分		
		验收不合格，检修方法不正确，每错 1 次扣 10 分		
安全、规范操作	10	每违规 1 次扣 2 分		
整理器材、工具	10	未将器材、工具等放到规定位置，扣 5 分		
合计				

【考核与评价】

考核与评价参见表 4-3。

表 4-3 考核与评价

考 核 点	建议考核方式	评 价 标 准			
		优	良	中	及 格
三相异步电动机顺序起动、同时停止控制电路的工作原理、元器件组成；电气联锁、保护环节的概念和综合运用	教师评价、学生互评	熟练掌握组成顺序起动、同时停止控制电路的一般规律；熟练掌握电气联锁、保护环节的概念和综合运用	熟练掌握组成顺序起动、同时停止控制电路的一般规律；掌握电气联锁、保护环节的概念和综合运用	掌握组成顺序起动、同时停止控制电路的一般规律；掌握电气联锁、保护环节的概念和综合运用	基本掌握组成顺序起动、同时停止控制电路的一般规律；基本掌握电气联锁、保护环节的概念和综合运用

任务 4.2　三相异步电动机顺序起动、顺序停止控制电路的装调

【任务目标】

1. 通过三相异步电动机顺序起动、顺序停止控制电路的安装与检修技能训练，让学生具备绘制电气布置图和接线图、编制所需的器件明细表的基本技能。
2. 掌握三相异步电动机顺序起动、顺序停止控制电路安装与检修的操作技能。
3. 掌握电工安全操作规程和安全用电操作技能。

【任务描述】

三相异步电动机顺序起动、顺序停止控制电路的装调。

职业能力要点：

1. 熟练掌握三相异步电动机顺序起动、顺序停止控制电路工作原理，并能按图接线。
2. 会用万用表对电路进行故障判断，能做通电试验。

职业素质要求：工具摆放合理，操作完毕后及时清理工作台，并填写使用记录。

【知识准备】

三相异步电动机顺序起动、顺序停止控制电路原理图如图 4-3 所示。

三相异步电动机顺序起动、顺序停止控制电路是指两台电动机按照 M_1 先起动，M_2 后起动的顺序起动，停止时 M_1 先停止、M_2 后停止的顺序。起动时，只能是 M_1 先起动、M_2 才能起动；违反上述操作顺序时，操作无效。停止时，只能是 M_1 先停止、M_2 才能停止；违反上述操作顺序时，操作无效。

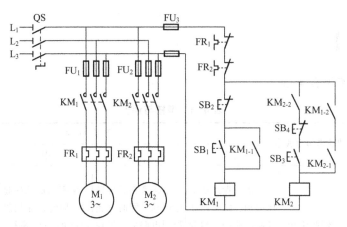

图 4-3 三相异步电动机顺序起动、顺序停止控制电路原理图

4.2.1 各元器件的作用

QS：电源开关；FU_1、FU_2：主回路熔断器，用于短路保护；FU_3：控制回路熔断器，用于短路保护；KM_1：控制电动机 M_1 的交流接触器；KM_2：控制电动机 M_2 的交流接触器；FR_1：热继电器，用于电动机 M_1 的过载保护；FR_2：热继电器，用于电动机 M_2 的过载保护；SB_1：控制电动机 M_1 的起动按钮，绿色；SB_3：控制电动机 M_2 的起动按钮，绿色；SB_2：控制电动机 M_1 的停止按钮，红色。SB_4：控制电动机 M_2 的停止按钮，红色。

4.2.2 工作原理

合上电源开关 QS。

按下按钮 SB_1，$L_1 \to FU_3 \to FR_1 \to FR_2 \to SB_2 \to SB_1 \to KM_1$ 线圈 $\to FU_3 \to L_3$，构成回路。电路工作过程为：

KM_1 线圈得电 $\to \begin{cases} KM_1 \text{ 主触点吸合} \to M_1 \text{ 起动。} \\ KM_{1-1} \text{ 辅助常开触点吸合} \to \text{自锁} \to \text{电动机 } M_1 \text{ 实现连续运转。} \\ KM_{1-2} \text{ 辅助常开触点吸合} \to \text{为电动机 } M_2 \text{ 起动作准备。} \end{cases}$

按下按钮 SB_3，$L_1 \to FU_3 \to FR_1 \to FR_2 \to KM_{1-2} \to SB_3 \to KM_2$ 线圈 $\to FU_3 \to L_3$，构成回路。电路工作过程为：

KM_2 线圈得电 $\to \begin{cases} KM_2 \text{ 主触点吸合} \to \text{电动机 } M_2 \text{ 起动。} \\ KM_{2-1} \text{ 辅助常开触点吸合} \to \text{自锁} \to \text{电动机 } M_2 \text{ 实现连续运转。} \\ KM_{2-2} \text{ 辅助常开触点吸合} \to \text{为电动机 } M_1 \text{ 停止后电动机 } M_2 \text{ 继续运行作准备。} \end{cases}$

按下按钮 SB_2，电动机 M_1 停止，按下按钮 SB_4，电动机 M_2 停止。

该控制电路的操作顺序是：按下 $SB_1 \to M_1$ 起动 $\to$ 按下 $SB_3 \to M_2$ 起动 $\to$ 按下 $SB_2 \to M_1$ 停止 $\to$ 按下 $SB_4 \to M_2$ 停止。违反上述操作顺序，则操作无效。

4.2.3 接线方法

三相异步电动机顺序起动、顺序停止控制电路接线图如图 4-4 所示。

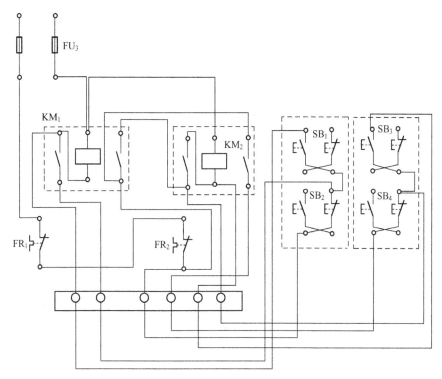

图 4-4 三相异步电动机顺序起动、顺序停止控制电路接线图

4.2.4 电路检查

1）将电源开关 QS 断开。

2）将万用表调至 R×10 或 R×100 挡，对欧姆挡进行调零。将红、黑两表笔分别接于 QS 出线端的 L_1 和 L_3。

3）按下 SB_1，万用表应显示接触器 KM_1 线圈的电阻值。若显示为零，则说明接触器 KM_1 控制电路有短路故障，若显示为无穷大，则说明接触器 KM_1 控制电路有开路故障。

4）按住 SB_1，再按下 SB_3，若万用表显示电阻值增大，则说明接触器 KM_1 和 KM_2 两个线圈接线正确。

5）按下 SB_2，若万用表指针返回，则说明电阻值为零，电动机 M_1 停止。

6）上述检查无误，可以通电试运行。

【任务实施】

绘制电气布置图和接线图，编制所需的器材明细表，进行三相异步电动机顺序起动、顺序停止电路的安装与检修。

本部分内容可参考任务 4.1 三相异步电动机顺序起动、同时停止控制电路的装调中"任务实施"部分的相应内容。

【考核与评价】

考核与评价参见表 4-4。

表 4-4 考核与评价

考 核 点 (所占比例)	建议考核方式	评价标准			
		优	良	中	及 格
三相异步电动机顺序起动、顺序停止控制电路的工作原理、元器件组成；电气联锁、保护环节的概念和综合运用	教师评价、学生互评	熟练掌握组成顺序起动、顺序停止控制电路的一般规律；熟练掌握电气联锁、保护环节的概念和综合运用	熟练掌握组成顺序起动、顺序停止控制电路的一般规律；掌握电气联锁、保护环节的概念和综合运用	掌握组成顺序起动、顺序停止控制电路的一般规律；掌握电气联锁、保护环节的概念和综合运用	基本掌握组成起动、顺序停止顺序控制电路的一般规律；基本掌握电气联锁、保护环节的概念和综合运用

任务 4.3　三相异步电动机顺序起动、逆序停止控制电路的装调

【任务目标】

1. 通过三相异步电动机顺序起动、逆序停止控制电路的安装与检修技能训练，让学生具备绘制电气布置图和接线图，编制所需器材明细表的基本技能。
2. 掌握三相异步电动机顺序起动、逆序停止控制电路安装与检修的操作技能。
3. 掌握电工安全操作规程和安全用电操作技能。

【任务描述】

三相异步电动机顺序起动、逆序停止控制电路的装调。
职业能力要点：
1. 熟练掌握三相异步电动机顺序起动、逆序停止控制电路工作原理，并能按图接线。
2. 会用万用表对电路进行故障判断，能做通电试验。
职业素质要求：工具摆放合理，操作完毕后及时清理工作台，并填写使用记录。

【知识准备】

三相异步电动机顺序起动、逆序停止控制电路原理图如图 4-5 所示。

三相异步电动机的顺序起动、逆序停止控制电路是指两台电动机按照 M_1 先起动、M_2 后起动的顺序起动，停止时按照 M_2 先停止、M_1 后停止的顺序进行停止。起动时，必须让 M_1 先起动，M_2 才能起动，如果操作错误，则主令操作无效；停止时，必须让 M_2 先停止，M_1 才能停止，如果操作错误，则主令操作无效。

4.3.1　各元器件的作用

QS：电源开关；

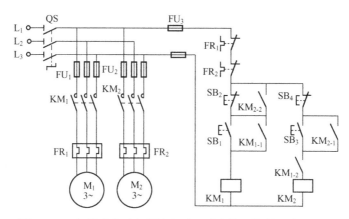

图 4-5 三相异步电动机顺序起动、逆序停止控制电路原理图

FU_1 和 FU_2：主回路熔断器，用于短路保护；FU_3：控制回路熔断器，用于短路保护；KM_1：控制 M_1 的交流接触器；KM_2：控制 M_2 的交流接触器；FR_1：热继电器，用于 M_1 的过载保护；FR_2：热继电器，用于 M_2 的过载保护；SB_1：控制 M_1 的起动按钮，绿色；SB_3：控制 M_2 的起动按钮，绿色；SB_2：控制 M1 的停止按钮，红色；SB_4：控制 M_2 的停止按钮，红色。

4.3.2 工作原理

合上电源开关 QS。

按下 SB_1，$L_1 \rightarrow FU_3 \rightarrow FR_1 \rightarrow FR_2 \rightarrow SB_2 \rightarrow SB_1 \rightarrow KM_1$ 线圈 $\rightarrow FU_3 \rightarrow L_3$，构成回路。

电路工作过程为：

KM_1 线圈 $\rightarrow$ 得电
- 接触器 KM_1 主触点吸合 $\rightarrow$ 电动机 M_1 起动。
- 接触器 KM_{1-1} 辅助常开触点吸合 $\rightarrow$ 自锁 $\rightarrow$ 电动机 M_1 实现连续运行。
- 接触器 KM_{1-2} 辅助常开触点吸合 $\rightarrow$ 为电动机 M_2 起动作准备。

再按下 SB_3，$L_1 \rightarrow FU_3 \rightarrow FR_1 \rightarrow FR_2 \rightarrow SB_4 \rightarrow SB_3 \rightarrow KM_{1-2} \rightarrow KM_2$ 线圈 $\rightarrow FU_3 \rightarrow L_3$，构成回路。

电路工作过程为：

KM_2 线圈 $\rightarrow$ 得电
- 接触器 KM_2 主触点吸合 $\rightarrow$ 电动机 M_2 转。
- 接触器 KM_{2-1} 辅助常开触点吸合 $\rightarrow$ 自锁 $\rightarrow$ 电动机 M_2 实现连续运行。
- 接触器 KM_{2-2} 辅助常开触点吸合 $\rightarrow$ 封住 SB_2，使其在电动机 M_2 停止前 M_1 不能先停止。

按下 SB_4，电动机 M_2 先停止，再按下 SB_2，电动机 M_1 后停止。其操作顺序是：按下 $SB_1 \rightarrow$ 电动机 M_1 起动 $\rightarrow$ 按下 $SB_3 \rightarrow$ 电动机 M_2 起动 $\rightarrow$ 按下 $SB_4 \rightarrow$ 电动机 M_2 停止 $\rightarrow$ 按下 $SB_2 \rightarrow$ 电动机 M_1 停止。

4.3.3 接线方法

三相异步电动机顺序起动、逆序停止控制电路接线图如图 4-6 所示。

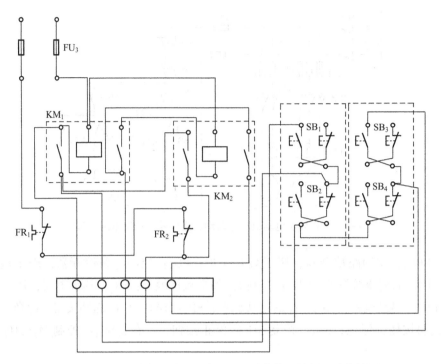

图 4-6 三相异步电动机顺序起动、逆序停止控制电路接线图

4.3.4 电路检查

电路检查步骤如下：

1）将电源开关 QS 断开。

2）将万用表调至 R×10 或 R×100 挡，对欧姆挡进行调零。将红、黑两表笔分别接于 QS 出线端的 L_1 和 L_3。

3）按下 SB1，万用表应显示接触器 KM_1 线圈的电阻值。若显示为零，则说明接触器 KM_1 控制电路有短路故障，若显示为无穷大，则说明接触器 KM_1 控制电路有开路故障。

4）按住 SB_1，再按下 SB_3，若万用表显示电阻值增大，则说明 KM_1、KM_2 两个线圈接线正确。

5）按下 SB_4，若万用表指针返回，则说明电阻值为零，电动机 M_2 停止。

6）上述检查无误，可以通电试运行。

【任务实施】

绘制电气布置图和接线图，编制所需器材明细表，进行三相异步电动机顺序起动、逆序停止控制电路的安装与检修。

本部分内容可参考任务 4.1 三相异步电动机顺序起动、同时停止控制电路的装调中"任务实施"部分的相应内容。

【考核与评价】

考核与评价参见表4-5。

表4-5 考核与评价

考 核 点	建议考核方式	评 价 标 准			
		优	良	中	及 格
三相异步电动机顺序起动、逆序停止控制电路的工作原理、元器件组成；电气联锁、保护环节的概念和综合运用	教师评价、学生互评	熟练掌握组成顺序起动、逆序停止控制电路的一般规律；熟练掌握电气联锁、保护环节的概念和综合运用	熟练掌握组成顺序起动、逆序停止控制电路的一般规律；掌握电气联锁、保护环节的概念和综合运用	掌握组成顺序起动、逆序停止控制电路的一般规律；掌握电气联锁、保护环节的概念和综合运用	基本掌握组成顺序起动、逆序停止控制电路的一般规律；基本掌握电气联锁、保护环节的概念和综合运用

项目 5　三相异步电动机自动往复循环控制电路的装调

【学习目标】

1. 掌握自动往复循环控制电路板的制作方法。
2. 了解电气配线工艺标准、要求。
3. 熟练使用电工工具，熟练使用万用表。
4. 会测量绝缘电阻。
5. 会按照电气原理图、布置图和接线图进行电路自检，查找故障点。

【任务目标】

1. 掌握三相异步电动机自动往复循环控制电路的控制原理。
2. 掌握电气控制电路的安装接线工艺。
3. 正确阅读并按工艺要求安装与调试三相异步电动机自动往复循环控制电路。

【任务描述】

自动往复循环控制电路的装调。

职业能力要点：

1. 观看三相异步电动机自动往复循环的实际工作状况，连接、调试三相异步电动机自动往复循环控制电路。
2. 典型产品的选择、应用和维护方法。
3. 了解电气配线工艺标准、要求。
4. 熟练使用电工工具，熟练使用万用表。
5. 会测量绝缘电阻。
6. 会按照电气原理图和接线图进行电路自检，查找故障点。

职业素质要求：工具摆放合理，操作完毕后及时清理工作台，并填写使用记录。

【知识准备】

自动往复循环控制电路中被控机械可在限定的区间内自动地往返并循环进行，如图 5-1 所示。机械设备的往复动作，由电动机 M 的正反转运行来实现。

在图 5-2 中，主令开关 SB_1、SB_2 发出主控信号，其中 SB_1 用于正转控制（即机械设备的左行控制），SB_2 用于反转控制（即机械设备的右行控制）。在行程控制要求下取行程为变化参量，行程开关是用于行程控制的基本电器。行程开关装在所需地点，当装在运动部件上的挡铁碰动行程开关时，行程开关的触点动作，从而实现电路的切换。行程控制主要用于机床进给速度的自动换接、自动定位以及运动部件的限位保护等。

自动往复循环控制的要求：按下起动按钮使电动机起动，工作台做直线运动时会撞击行程开关，该开关的触头动作使电动机反转，则工作台返回，该运动可周而复始进行。

核心部件是限位开关 SQ_1、SQ_2。这两个限位开关的控制关系体现为：挡铁触碰时，常开触点闭合，常闭触点断开；挡铁离开时，触点动作相反。

当被控机械左行至 SQ_1 位置时，挡铁碰撞 SQ_1，电动机反转，被控机械右行；当被控机械右行至 SQ_2 位置时，挡铁碰撞 SQ_2，电动机正转，被控机械左行，如此可往复进行。需要停车时，按下 SB_3 即可。

图 5-1 使用了 1 组三联按钮和两个行程开关（LX19-111）。

图 5-1　自动往复循环控制示意图

三相异步电动机自动往复循环控制电路原理图如图 5-2 所示。

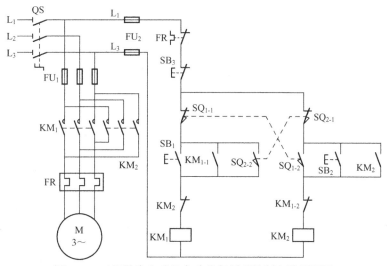

图 5-2　三相异步电动机自动往复循环控制电路原理图

5.1　各元器件的作用

QS：电源开关；FU_1：熔断器，用于主回路短路保护；FU_2：熔断器，用于控制回路短路保护；KM_1：接触器，用于正向控制；KM_2：接触器，用于反向控制；FR：热继电器，用于过载保护；SB_1：左行起动控制按钮（绿色）；SB2：右行起动控制按钮（黑色）；SB_3：停止按钮（红色）；SQ_1：左行限位开关（行程开关）；SQ_2：右行限位开关（行程开关）。

5.2　工作原理

合上电源开关 QS。

按下 SB_1,

$L_1 \to FU_2 \to FR \to SB_3 \to SQ_{1-1} \to SB_1 \to KM_2 \to KM_1$ 线圈 $\to FU_2 \to L_3$,构成回路。

电路工作过程为：

KM_1 线圈得电 $\to$ $\begin{cases} KM_1 \text{ 主触点吸合} \to \text{电动机正转} \to \text{车向左行}。 \\ KM_{1-1} \text{辅助常开触点吸合} \to \text{自锁} \to \text{电动机实现连续运行}。 \\ KM_{1-2} \text{辅助常闭触点分断} \to \text{实现互锁}。 \end{cases}$

当车行至左侧限定位置时：

挡铁碰触行程开关 $SQ_1 \to \begin{cases} SQ_{1-1} \text{分断} \to KM_1 \text{ 线圈失电} \to \text{电动机正转停止}。 \\ SQ_{1-2} \text{闭合} \to KM_2 \text{ 线圈得电} \to \text{电动机反转} \to \text{车向右行}。 \end{cases}$

当车行至右侧限定位置时：

挡铁碰触行程开关 $SQ_2 \to \begin{cases} SQ_{2-1} \text{分断} \to KM_2 \text{ 线圈失电} \to \text{电动机反转停止}。 \\ SQ_{2-2} \text{闭合} \to KM_1 \text{ 线圈得电} \to \text{电动机正转} \to \text{车向左行}。 \end{cases}$

如此可往复循环进行，当需要停止时，按下 SB_3 即可。

5.3 接 线 方 法

三相异步电动机自动往复循环控制电路接线图如图 5-3 所示。

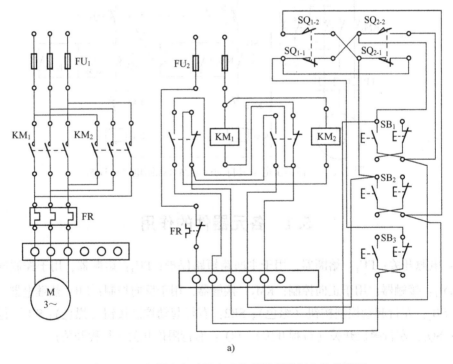

a)

图 5-3 三相异步电动机自动往复循环控制电路接线图

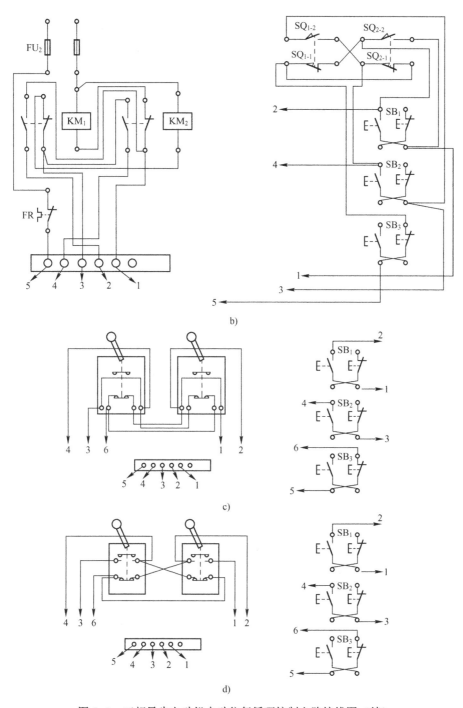

图 5-3 三相异步电动机自动往复循环控制电路接线图（续）

5.4 电路检查

电路检查步骤如下：

1）将电源开关 QS 断开。

2）将万用表调至 R×10 或 R×100 挡，对欧姆挡进行调零。将红、黑两表笔接于 QS 出线端的 L_1 和 L_3。

3）按下 SB_1，万用表应显示接触器 KM_1 线圈的电阻值。若显示为零，则说明接触器 KM_1 控制电路有短路故障，若显示为无穷大，则说明接触器 KM_1 控制电路有开路故障。

4）按下 SB_2，万用表应显示接触器 KM_2 线圈的电阻值。若显示为零，则说明 KM_2 控制电路有短路故障；若显示为无穷大，则证明 KM_2 控制电路有开路故障。

5）按下 KM_1 主触头，若万用表显示 KM_1 线圈的电阻值，则说明 KM_1 自锁点的接线正确。

6）按下 KM_2 主触头，若万用表显示 KM_2 线圈的电阻值，则说明 KM_2 自锁点的接线正确。

7）上述检查无误，可以通电试运行。

【任务实施】

绘制电气布置图和接线图，编制所需的器件明细表，进行三相异步电动机自动往复循环控制电路的安装与检修。

本部分内容可参考任务 4.1 三相异步电动机顺序起动、同时停止控制电路的装调中"任务实施"部分的相应内容。

【考核与评价】

考核与评价内容参见表 5-1。

表 5-1　考核与评价

考 核 点 （所占比例）	建议考核方式	评价标准			
		优	良	中	及　格
三相异步电动机自动往复循环控制电路；行程开关的结构与工作原理	教师评价、学生互评	熟练掌握组成自动往复循环控制电路的一般规律；熟练掌握电气联锁、机械联锁、保护环节的概念和综合运用	熟练掌握组成自动往复循环控制电路的一般规律；掌握电气联锁、机械联锁、保护环节的概念和综合运用	掌握组成自动往复循环控制电路的一般规律；掌握电气联锁、机械联锁、保护环节的概念和综合运用	基本掌握组成自动往复循环控制电路的一般规律；基本掌握电气联锁、机械联锁、保护环节的概念和综合运用

项目6　三相异步电动机星-三角降压起动控制电路的装调

【学习目标】

1. 掌握星-三角降压起动控制电路板的制作方法。
2. 了解电气配线工艺标准、要求。
3. 熟练使用电工工具和万用表。
4. 会测量绝缘电阻。
5. 会按照电气原理图、布置图和接线图进行线路自检，查找故障点。

【任务目标】

1. 掌握了解三相异步电动机星-三角降压起动的控制原理及元器件组成。
2. 掌握降压起动类型、保护环节以及控制电路的操作方法。
3. 掌握时间继电器的工作原理及其图形符号和文字符号。

【任务描述】

三相异步电动机星-三角降压起动控制电路的装调。

职业能力要点：

1. 具有典型设备的安装与调试的能力。
2. 会用万用表对电路进行故障判断，能做通电试验。

职业素质要求：工具摆放合理，操作完毕后及时清理工作台，并填写使用记录。

6.1　三相异步电动机星-三角降压起动的原因

当三相异步电动机容量较大（≥10kW）时，起动时会产生较大的起动电流，将引起电网电压的下降，因此必须采取降压起动的方法，限制起动电流。所谓降压起动是利用起动设备将电压适当降低后再将其加到电动机的定子绕组上进行起动，待电动机起动运转后，再使电压恢复到额定值正常运行。降压起动适用于空载或轻载下起动。

常用的降压起动方法：

1）定子绕组串电阻或者串电抗器降压起动。
2）星-三角降压起动。
3）自耦变压器降压起动。
4）延边三角形降压起动。

对于正常运行时定子绕组三相头尾连接形成三角形的三相笼型电动机，可采用星-三角降压起动方法达到限制起动电流的目的。Y系列的笼型异步电动机（4kW以上的）

常用三角形联结，可采用星-三角降压起动的方法。时间继电器控制星-三角降压起动控制电路原理图如图 6-1 所示。

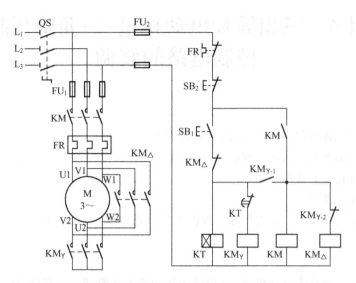

图 6-1 时间继电器控制星-三角降压起动控制电路原理图

6.2 各元器件的作用

QS：电源开关；FU_1：熔断器，用于主回路短路保护；FU_2：熔断器，用于控制回路短路保护；KM：接触器，用于电动机供电电源控制；KM_Y：接触器，用于电动机星形联结的封端；$KM_\triangle$：接触器，用于电动机三角形联结的封端；KT：通电延时时间继电器，用于控制起动过程所需要的时间。FR：热继电器，用于过载保护；SB_1：电动机起动按钮（绿色）；SB_2：电动机停止按钮（红色）。

6.3 工作原理

闭合电源开关 QS。

在起动时，先将电动机的定子绕组接成星形，使电动机每相绕组承受的电压为电源的相电压，是额定电压的 $1/\sqrt{3}$，起动电流是三角形联接时直接起动的 1/3；当转速上升到接近额定转速时，再将定子绕组的接线方式改接成三角形联接时，电动机就进入全电压正常运行状态。

按下 SB_1，

$L_1 \rightarrow FU_2 \rightarrow FR \rightarrow SB_2 \rightarrow SB_1 \rightarrow KM_\triangle$ 常闭触点 $\rightarrow$ KT 线圈和 KM_Y 线圈（通过 KT 延时断开触点）$\rightarrow FU_2 \rightarrow L_3$，构成回路。

电路工作过程为：

KT 线圈和 KM_Y 线圈得电→
{
KM_Y 主触点吸合→电动机形成星形联结。
KT 计时开始。
KM_{Y-2} 辅助常闭触点分断→联锁以控制接触器 KM_△ 不能得电。
KM_{Y-1} 辅助常开触点吸合→KM 线圈得电→KM 主触点闭合→电动机在星形联结条件下降压起动。
KM 辅助常开触点闭合→自锁。
计时时间到→KT 延时动断点分断→KM_Y 线圈失电→KM_Y 主触点分断以解除星形联结→KM_{Y-1} 辅助常开触点分断→KM_{Y-2} 辅助常闭触点吸合→KM_△ 线圈得电→KM_△ 辅助常闭触点分断→使 KT 线圈和 KM_Y 线圈在电路中断开→KM_△ 主触点吸合→电动机形成三角形联结线运行。
}

按下 SB_2→电动机因断电而停止。

6.4 电路元器件接线图的绘制及分析

电路元器件排布图的绘制及分析步骤如下：
1) 根据图 6-1 绘出电动机星-三角降压起动控制电路的元器件布置图和接线图。
2) 配齐所有元器件，并进行检验。
3) 在电路板上按元器件布置图安装电器元件。
4) 按接线图的走线方法进行板前明线布线和套编码套管，注意板前明线布线的工艺要求。
5) 根据电气接线图检查电路板布线是否正确。
6) 安装电动机。
7) 连接电动机和金属按钮外壳的保护接地线。
8) 连接电源、电动机等电路板外部的导线。
9) 自检。

6.4.1 接线方法

三相异步电动机星-三角降压起动控制电路接线方法如图 6-2 和图 6-3 所示，注意三角形联结时的相序。

6.4.2 控制电路的检查

控制电路检查的步骤如下：
1) 将电源开关 QS 断开。
2) 将万用表调至 R×10 或 R×100 挡，对欧姆挡进行调零。将红、黑两表笔接于 QS 出线端的 L_1 和 L_3。
3) 按下 SB_1，万用表应显示时间继电器 KT 和星形联结接触器 KM_Y 线圈的电阻值。若显示为零，则证明接触器 KM_1 控制电路有短路故障；若显示为无穷大，则说明接触器 KM_1 控制电路有开路故障。

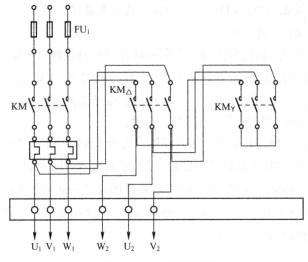

图 6-2 主回路接线图

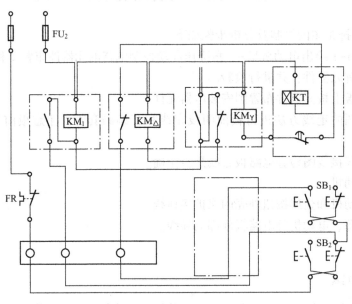

图 6-3 控制回路接线图

4）按住 SB_1，再按下 SB_2，万用表由显示时间继电器 KT 和星形联结接触器 KM_Y 线圈的电阻值转变为显示开路，说明 SB_1、SB_2 与 KT、KM_Y 线圈之间的接线正确。

5）按下 KM 主触头，万用表显示 KM 和 $KM_\triangle$ 线圈的并联阻值，说明 KM 自锁点的接线正确。按住 KM 主触头再轻微按下 KM_Y，万用表由显示 KM 和 $KM_\triangle$ 线圈的并联电阻值转变为显示 KM 一个线圈的阻值，按住 KM 主触点，再按 KM_Y，万用表由显示 KM 一个线圈的阻值转变为显示 KT、KM_Y、KM 三个线圈的并联电阻值。

6）按住 KM 主触点，万用表显示 KM 和 $KM_\triangle$ 线圈的并联电阻值；再按下 SB_2，万用表又转变为显示开路，说明 SB_2 与 KM 自锁点的接线正确。

7）上述检查无误，可以通电试运行。

6.4.3 注意事项

三相异步电动机星-三角降压起动控制电路装调注意事项如下：

1) 电动机及金属按钮外壳必须可靠接地。
2) 按钮内部接线时，用力不可过猛，以防螺钉打滑。
3) 按钮内部的接线不要接错，起动按钮必须接常开触点（可用万用表的欧姆挡判别）。
4) 用星-三角降压起动的电动机，必须有 6 个出线端子（即接线盒内的连接片要拆开），并且定子绕组在三角形联结时的电压应该等于额定电压。
5) 接线时要保证电动机三角形联结的正确性，即接触器 $KM_\triangle$ 主触点闭合时，应保证定子绕组的 U_1 与 W_2、V_1 与 U_2、W_1 与 V_2 相连接。
6) 接触器 KM_Y 的进线必须从三相定子绕组的末端引入，若误将其首端引入，则在 KM_Y 吸合时会产生三相电源短路事故。
7) 时间继电器的常开触点不能接错（用万用表欧姆挡检测）。
8) 经指导教师检查无误后通电试车。通电完毕先拆除电源线，后拆除电动机连线。

【任务实施】

绘制电气布置图和接线图，编制所需的器材明细表，进行三相异步电动机星-三角降压运动控制电路的安装与检修。

本部分内容可参考任务 4.1 三相异步电动机顺序起动、同时停止控制电路的装调中"任务实施"部分的相应内容。

【考核与评价】

考核与评价见表 6-1 所列。

表 6-1 考核与评价

考 核 点 （所占比例）	建议考核方式	评价标准			
		优	良	中	及 格
三相异步电动机星-三角降压起动控制电路的工作原理，元器件组成；时间继电器的结构和工作原理	教师评价、学生互评	熟练掌握组成星-三角降压起动控制电路的一般规律；熟练掌握时间继电器的结构和工作原理	熟练掌握组成星-三角降压起动控制电路的一般规律；掌握时间继电器的结构和工作原理	掌握组成星-三角降压起动电气控制电路的一般规律；掌握时间继电器的结构和工作原理	基本掌握组成星-三角降压起动电气控制电路的一般规律；基本掌握时间继电器的结构和工作原理

项目 7 常见机床电气控制电路的装调与故障维修

【学习目标】

1. 掌握各种常见的机床电气控制电路的原理和应用，了解机床的基本工作原理。
2. 掌握各种常见机床电气控制电路的维护与检修的操作技能。
3. 掌握电工安全操作规程和安全用电操作技能。

机床电气控制电路的分析方法是从常用机床的电气控制入手，学会阅读、分析机床电气控制电路，加深对典型控制环节的理解和应用，了解机床上机械、液压、电气三者的配合关系。从机床加工工艺出发，掌握各种常用机床的电气控制，为机床及其他生产机械电气控制的设计、安装、调试、检修等打下一定基础。

机床的电气控制，不仅用以实现起动、制动、反向和调速等基本功能，还要满足生产工艺的各项要求，保证机床各运动的准确和相互协调，具有各种保护装置，工作可靠，操作自动化等。

学习与分析机床电气控制电路时应注意以下几个问题：

1）了解机床的基本结构、运动形式、加工工艺要求，明确控制要求。
2）了解机床机、电、液压等之间的配合关系。
3）先分析主电路，了解整个电力拖动系统的组成，分析电动机的起动、运行、调速、制动等控制电路的功能实现，分析电路或电动机保护电路的功能实现。接着分析控制电路，这时将整个控制电路按功能分成若干局部控制电路，逐一分析，分析时应注意各局部电路之间的联锁关系，然后再从整个电路角度出发来分析局部电路之间、局部电路与整个电路之间的作用和影响。统观整个电路，形成一个整体概念。最后分析电气原理图中的其他辅助电路。

任务 7.1 C6140 型车床电气控制电路的装调与故障维修

【任务目标】

1. 通过对 C6140 型车床电气控制电路的识读，了解 C6140 型车床电气控制的基本工作原理。
2. 掌握 C6140 型车床电气控制电路的维护与检修的操作技能。
3. 掌握电工安全操作规程和安全用电操作技能。

【任务描述】

1. 分析 C6140 型车床电气控制电路原理图。
2. 操作 C6140 型车床控制柜。
3. 排除 C6140 型车床控制柜的常见故障。

职业能力要点：
1. 熟悉 C6140 型车床控制电路并掌握其工作原理。
2. 会用万用表对电路进行故障判断，能做通电试验。
职业素质要求：
工具摆放合理，操作完毕后及时清理工作台，并填写使用记录。

【知识准备】

车削加工是机械加工中应用最广泛的一种加工方法。车削加工的主运动是工件的旋转，进给运动是刀具作纵向或横向的直线运动或曲线运动，加工特点是车削回转件的表面。是用来加工各种回转表面、螺纹和端面。C6140 型车床有较高的生产率和较好的使用性能，可方便地车削常用的公制螺纹，并具有较好的刚度和抗振性，能适应高速切削和强力切削。

7.1.1 C6140 车床结构

C6140 型车床结构如图 7-1 所示。其上各部分组成功能如下。

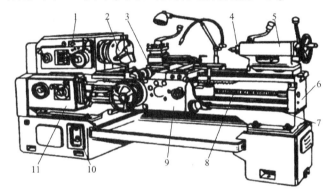

图 7-1 C6140 型车床结构示意图
1—主轴箱 2—卡盘 3—刀架和溜板 4—后刀架 5—尾座 6—床身 7—光杠
8—丝杠 9—溜板箱 10—底座 11—进给箱

1）主轴箱：用于支撑主轴旋转、并把运动传给进给箱，主轴是空心结构，其前部外锥面用于安装卡盘或其他夹具以装夹工件，内锥面用来安装顶尖、装夹轴类工作。

2）卡盘：用于安装工件并加紧。

3）刀架和溜板：用于夹持车刀做纵向或横向移动，有大溜板、中溜板、小溜板、转盘和方刀架组成。

4）后刀架：用于加工螺纹。

5）尾座：其底面与床身导轨面接触，经调整可固定在床身导轨面的任意位置。在尾架套筒内装上顶尖可夹持轴类工件或安装钻头。

6）床身：用于连接机床各部件并保证其相对位置。

7）光杠：用于传动动力，带动床鞍、中滑板，使车刀作纵向或横向的进给运动。

8）丝杠：用于将进给箱的运动传到溜板箱。其中，光杠用于回转体表面自动进给式车削，丝杠用于螺纹车削，其变换可通过光杠、丝杠的变换手柄来实现。

9）溜板箱：是车床进给运动的操纵箱，内部装有进给运动的变向机构，箱外部有手动进给手柄、自动进给手柄及开合螺母，通过改变手柄位置可使刀具作相应的移动。

10）底座：用于支撑机床各部件。

11）进给箱：内含进给运动的齿轮变速机构，通过调整外部手柄的位置，可获得所需要的进给量。

7.1.2　C6140型车床的运动形式与控制要求

1. 运动形式

车床运动形式有切削运动和辅助运动。切削运动包括工件的旋转运动（主运动）和刀具的直线进给运动（进给运动），其余运动为辅助运动。

（1）主运动

是指主轴通过卡盘带动工件旋转，主轴的旋转是由主轴电动机经传动机构进行拖动的，根据工件材料性质、车刀材料及几何形状、工件直径、加工方式及冷却条件的不同，需要主轴有不同的切削速度，加工螺纹时还要求主轴能正反转。

（2）进给运动

是指刀架带动刀具作纵向或横向直线运动，溜板箱把丝杠或光杠的转动传递给刀架部分，变换溜板箱外的手柄位置使刀架部分带动车刀作纵向或横向进给。刀架的进给运动也是主轴电动机拖动的，运动方式有手动和自动两种。

（3）辅助运动

是指刀架的快速移动、尾座的移动及工件的夹紧与放松。

2. 控制要求

1）主轴电动机选用三相笼型异步电动机，主轴采用齿轮箱进行机械有级调速。

2）车削螺纹要求的主轴正反转可由机械方法实现，主轴电动机只作单向旋转。

3）主轴电动机的容量不大，可采用直接起动。

4）进给运动由主轴电动机拖动，主轴电动机的动力通过挂轮箱传递给进给箱来实现刀具的纵向或横向进给。加工螺纹时要求刀具的移动和主轴的转动有固定的比例关系。

5）溜板箱的快速移动应由单独的快速移动电动机来拖动，并对其采用电动控制。

6）为防止切削过程中刀具和工件温度过高，需要用切削液进行冷却，因此要配有冷却泵。

7）电路必须有过载、短路、欠电压、失电压保护。

【任务实施】

1. 编制实训器材明细表

编制的实训器材明细表如表7-1所示。

表7-1　实训器材明细表

器材序号	器件名称	性能规格	所需数量
1	C6140型车床电气控制电路	THPJC-2型机床电气技能培训考核鉴定装置	1台
2	万用电表	MF-47	1块

2. 实训前的检查与准备

1）确认实训环境符合维修电工操作的要求。

2）确认实训设备与测试仪表性能是否良好。

3）做好实训前的各项安全工作。

3. 实训实施步骤

（1）电气控制电路的分析

该控制电路如图7-2所示。该机床主电路有3台控制电机。第1个是主电动机 M_1，完成主轴主运动和刀具的纵、横向进给运动的驱动。该电动机为不调速的笼型感应电动机，主轴采用机械变速，正反转的换向采用机械换向机构。第2个是冷却泵电动机 M_2，加工时提供冷却液，以防止刀具和工件的温升过高。第3个是电动机 M_3，为刀架快速移动电动机，根据需要可随时手动控制其起动或停止。电动机均采用全压直接起动、接触器控制的单向运行控制电路。三相交流电源通过低压断路器 QS 引入，接触器 KM_1 的主触头控制 M_1 的起动和停止。接触器 KM_2 的主触头控制 M_2 的起动和停止。接触器 KM_3 的主触头控制 M_3 的起动和停止。接触器 KM_1 由按钮 SB_1、SB_2 控制，接触器 KM_3 由 SB_3 进行点动控制。接触器 KM_2 由开关 SA_1 控制。主轴正反转的换向由摩擦式离合器实现。M_1、M_2 为连续运动的电动机，分别利用热继电器 FR_1、FR_2 作过载保护；M_3 为短时工作电动机，因此未对其设过载保护。熔断器 $FU_1 \sim FU_2$ 分别对主电路、控制电路和辅助电路实行短路保护。

1）主轴电动机的控制分析。

采用了具有过载保护全压起动控制的典型环节。即按下起动按钮 SB_2，接触器 KM_1 得电吸合，其辅助常开触点 KM_1（5-6）吸合自锁，KM_1 的主触点吸合，主轴电动机 M_1 起动；同时其辅助常开触头 KM_1（7-9）吸合。KM_2 得电的先决条件是按下停止按钮 SB_1，使接触器 KM_1 失电而主触点分析，则电动机 M_1 停转。

2）冷却泵电动机 M_2 的控制分析。

采用两台电动机 M_1、M_2 顺序连锁控制的典型环节，以满足生产要求。即使主轴电动机起动后，冷却泵电动机才能起动；当主轴电动机停止运行时，冷却泵电动机也自动停止运行；主轴电动机 M_1 起动后（接触器 KM_1 得电而主触点吸合）的情况下，其辅助常开触点 KM_1 吸合，因此合上开关 SA_1，使接触器 KM_2 线圈得电而主触点吸合，冷却泵电动机 M_2 就能起动。

3）刀架快速移动电动机 M_3 的控制分析。

采用点动控制的典型环节。即按下按钮 SB_3，接触器 KM_3 得电而主触点吸合，则对 M_3 电动机可实施点动控制。电动机 M_3 经传动系统驱动溜板以带动刀架作快速移动。松开按钮 SB_3，接触器 KM_3 失电而主触点动断，则电动机 M_3 停止转动。

（2）C6140 型车床电气控制电路故障的排除

1）实训内容。

① 用通电试验方法发现故障现象，对其进行故障分析，并在电气原理图中用虚线标出最小的故障范围。

② 排除 C6140 型车床主电路或控制电路中电气故障点（包括两个人为设置的电气故障点），如图7-3所示。

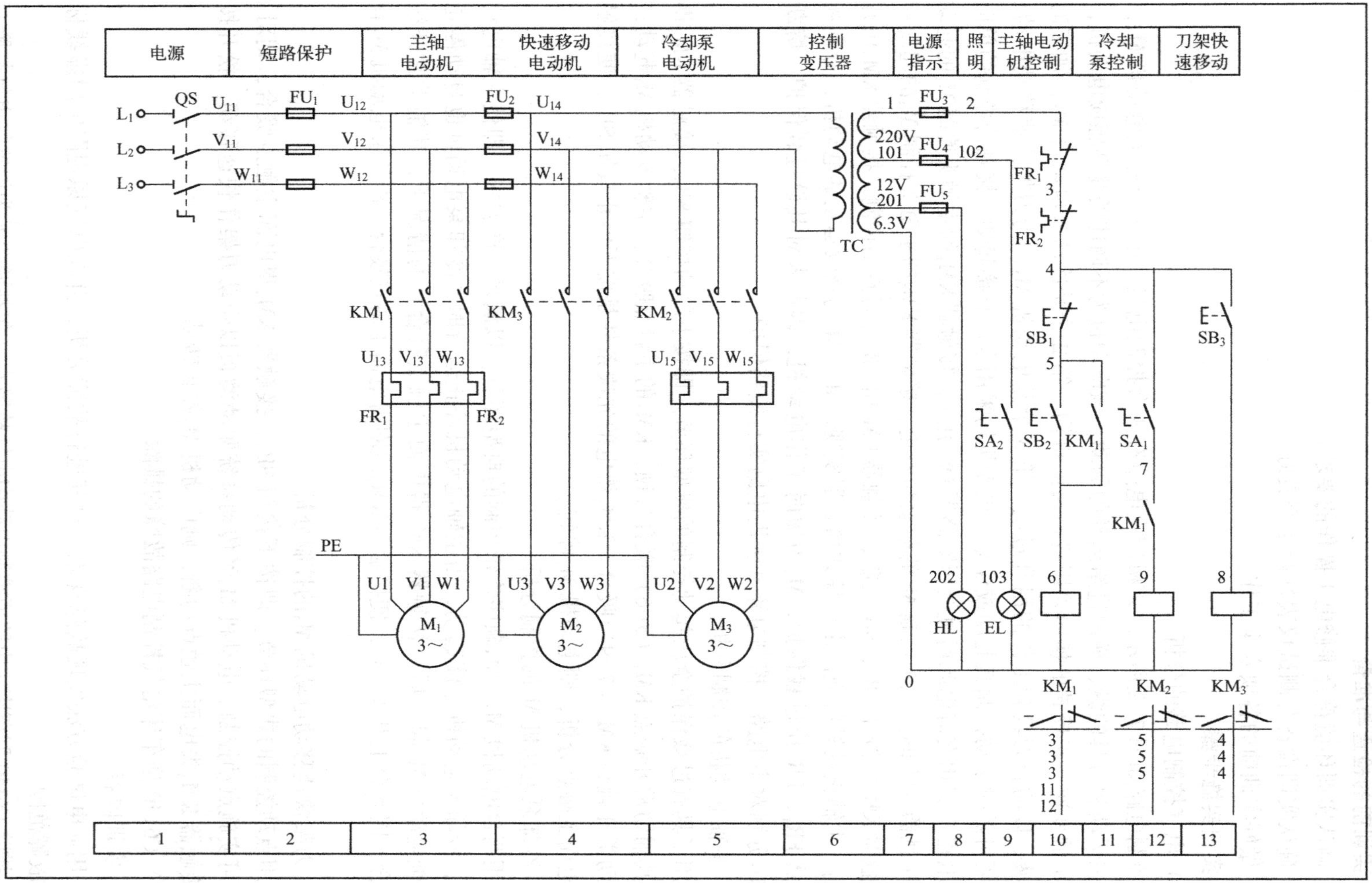

图7-2 C6140型普通车床电气原理图

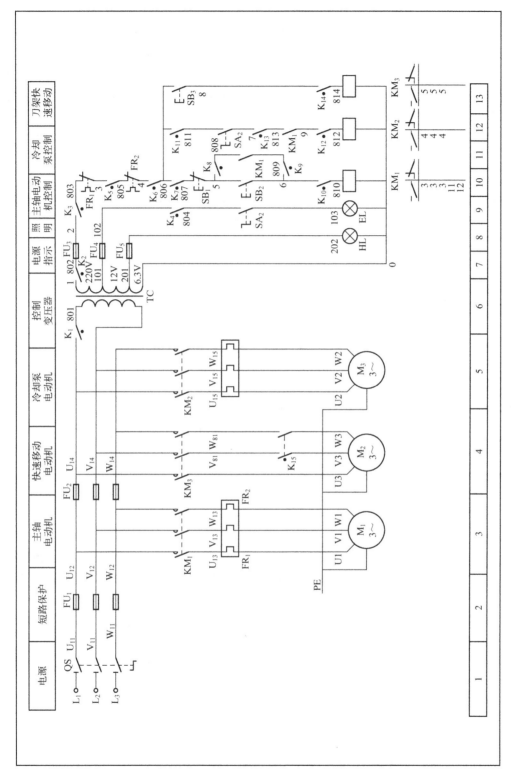

图7-3 C6140型普通车床电气故障点

2）电气故障的设置原则。

① 人为设置的故障点，必须是模拟机床在使用过程中，由于受到振动、受潮、高温、异物侵入、电动机负载及线路长期过载运行、起动频繁、安装质量低劣等原因造成的"自然"故障。

② 切忌设置改动电路、换线、更换元器件等由于人为原因造成的非"自然"的故障点。

③ 故障点的设置应做到隐蔽且方便，除简单控制电路外，一般不宜将两处故障同时设置在单独支路或单一回路中。

④ 对于设置1个以上故障点的电路，其故障现象应尽可能不要相互掩盖。如果学生在检修时，若其检查思路尚清楚，等检修时间已过2/3时还不能查出一个故障点的情况下，可作适当的提示。

⑤ 应尽量不设置容易造成人身或设备事故的故障点，如有必要时，教师必须在现场密切注意学生的检修动态，随时做好采取应急措施的准备。

⑥ 故障点设置的难易程度必须与学生应该具有的维修能力相适应。

3）实习步骤。

① 先熟悉原理，再进行正确的通电试车操作。

② 熟悉元器件的安装位置，明确各元器件作用。

③ 教师对故障分析检修过程（故障可人为设置）作示范。

④ 教师设置已知故障点，指导学生从故障现象着手进行分析，逐步引导其掌握正确的检查步骤和检修方法。

⑤ 教师设置人为的"自然"故障点，由学生检修。

4）实训要求。

① 学生应根据故障现象，先在原理图中正确标出最小故障范围的线段，然后采用正确的检查和排故方法并在额定时间内排除故障。

② 排除故障时，必须对故障点进行维修，不得采用更换元器件、借用触点及改动线路的方法，否则作为未能排除故障点而扣分。

③ 检修时严禁扩大故障范围或产生新的故障，并不得损坏元器件。

5）操作注意事项。

① 应在指导教师指导下操作设备，注意安全第一。设备通电后，严禁在电器侧随意扳动元器件。进行排故训练时尽量采用不带电检修。若带电检修，则必须有指导教师在现场负责安全监护。

② 必须安装好各电动机与支架的接地线，在设备下方垫好绝缘橡胶垫，其厚度不小于8mm，操作前要仔细查看各接线端，有无松动或脱落，以免通电后发生意外或损坏电器。

③ 在操作中若发出不正常声响，应立即断电，查明故障原因后待修。故障噪声主要来自电动机缺相运行，以及接触器、继电器的吸合不正常等。

④ 发现熔丝熔断后，应找出故障原因，方可更换同规格熔丝。

⑤ 在故障维修中不要随便互换线端处号码管。

⑥ 操作时用力不要过大，速度不宜过快，操作频率不宜过于频繁。

⑦ 实训结束后，应拔出电源插头，将各开关置于分断位。

⑧ 作好实训记录。

6）故障设置说明，见表7-2。

表 7-2 故障设置说明

故障开关	故 障 现 象	备 注
K_1	机床不能起动	主轴、冷却泵和快速起动电动机都不能起动,信号和照明灯都不亮
K_2	信号灯不亮	其他均正常
K_3	机床不能起动	主轴、冷却泵和快速移动电动机都不能正常起动
K_4	照明灯不亮	其他均正常
K_5	机床不能起动	主轴、冷却泵和快速移动电动机都不能正常起动
K_6	冷却泵、快速电动机不能起动	主轴电动机能工作
K_7	主轴电动机不能起动	冷却泵、快速电动机都能正常工作
K_8	主轴只能点动	按下 SB_2,主轴只能点动
K_9	主轴电动机不能起动	按下 SB_2,主轴无任何反应
K_{10}	主轴电动机不能起动	按下 SB_2,主轴无任何反应
K_{11}	冷却泵电动机不能起动	按下 SA_2,主轴无任何反应
K_{12}	冷却泵电动机不能起动	按下 SA_2,主轴无任何反应
K_{13}	冷却泵电动机不能起动	按下 SA_2,主轴无任何反应
K_{14}	快速起动电动机不能起动	按下 SB_3,主轴无任何反应
K_{15}	快速起动电动机不能工作	按下 SB_3,KM_3动作,但电动机不转

【考核与评价】

考核要点:

1) 是否能够正确分析电路的原理,说明典型元器件的作用和特点。
2) 是否能够针对每个故障现象进行调查和研究,是否能够正确地分析故障原因,是否时刻注意遵守安全操作规定,操作是否规范。
3) 是否会采取正确的方法进行故障排除。
4) 根据以上考核要点对学生进行逐项成绩评定,参见表 7-3,给出该任务的综合实训成绩。

表 7-3 实训成绩评分表

任 务 内 容	分值/分	考核要点及评分标准	扣分/分	得分/分
分析电路的原理,说明典型元器件的作用特点	20	不能正确分析电路的原理,扣 10 分		
		不能说明典型元器件的作用和特点,每个扣 5 分		
		不能正确绘制布置图和接线图,扣 10 分		
对每个故障现象进行调查和研究,分析可能的故障原因	30	未按正确操作顺序进行操作,扣 10 分		
		不能正确分析故障原因,每个扣 5 分		
		损坏器件,每个扣 15 分		
检查、验收与故障的检修	30	未按正确的操作要领操作,每处扣 5 分		
		验收不合格,每错 1 次扣 15 分		
		检修方法不正确,扣 10 分		

(续)

任务内容	分值/分	考核要点及评分标准	扣分/分	得分/分
安全、规范操作	10	每违规1次扣2分		
整理器材、工具	10	未将器材、工具等放到规定位置，扣5分		
合计				

考核与评价见表7-4。

表7-4 考核与评价

考核点 （所占比例）	建议考核方式	评价标准			
		优	良	中	及格
C6140型车床电气控制电路的工作原理，元器件组成，电动机起动顺序；保护环节的运用；	教师评价、学生互评	熟练掌握组成C6140型车床电气控制电路的一般规律；熟练掌握元器件组成，保护环节的运用；熟练操作控制柜	熟练掌握组成C6140型车床电气控制电路的一般规律；掌握元器件组成，保护环节的运用；掌握操作控制柜	掌握组成C6140型车床电气控制电路的一般规律；掌握元器件组成，保护环节的运用；掌握操作控制柜	基本掌握组成C6140型车床电气控制电路的一般规律；掌握元器件组成，保护环节的运用；掌握操作控制柜

任务7.2　T68型卧式镗床的电气控制电路的装调与故障维修

【任务目标】

1. 通过T68型卧式镗床电气控制电路的识读，了解T68型卧式镗床电气控制的基本工作原理。
2. 掌握T68型卧式镗床电气控制电路的维护与检修的操作技能。
3. 掌握电工安全操作规程和安全用电操作技能。

【任务描述】

1. 分析T68型卧式镗床电气控制电路原理图。
2. 操作T68型卧式镗床控制柜。
3. 排除T68型卧式镗床控制柜的常见故障。

职业能力要点：

1. 熟悉T68型卧式镗床控制电路，掌握T68型卧式镗床的工作原理。
2. 会用万用表对电路进行故障判断，能做通电试验。

职业素质要求：

工具摆放合理，操作完毕后及时清理工作台，并填写使用记录。

【知识准备】

镗床也是用于孔加工的机床，与钻床比较，镗床主要用于加工精确的孔和对孔间距离要求较精确的零件，如一些箱体零件（机床主轴箱、变速箱等）。镗床的加工形式主要是用镗刀镗削在工件上已铸出或已粗钻的孔，除此之外，大部分镗床还可以进行铣削、钻孔、扩孔、铰孔等加工。镗床的主要类型有卧式镗床、坐标镗床、金刚镗床和专用镗床等，其中以卧式镗床应用最广。

7.2.1 T68型卧式镗床结构

T68型卧式镗床的主要结构如图7-4所示。将前立柱固定安装在床身的右端，在它的垂直导轨上装有可上下移动的主轴箱。主轴箱中装有主轴部件、主运动和进给运动的变速传动机构以及操纵机构等。在主轴箱的后部固定着后尾筒，里面装有镗床主轴的轴向进给机构。后立柱固定在床身的左端，后立柱可沿床身的水平导轨进行左右移动，在不需要时也可以将其卸下。装在后立柱垂直导轨上的后支承架还用于支承长镗杆的悬伸端，后支承架还可沿垂直导轨的方向与主轴箱同步升降，工件固定在工作台上，工作台部件装在床身的导轨上，由下滑座、上滑座和工作台三部分组成，下滑座可沿床身的水平导轨作纵向移动，上滑座可沿下滑座的导轨作横向移动，工作台可在上滑座的环形导轨上绕垂直轴线旋转，使工件在水平面内可调整到一定角度的位置，以便能在一次安装中对互相平行或成一定角度的孔与平面进行加工。根据加工情况不同，刀具可以装在镗床主轴前端的锥孔中或装在平旋盘与径向刀具溜板上。

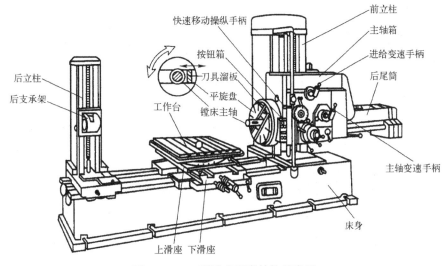

图7-4 T68型卧式镗床结构示意图

T68型卧式镗床型号的含义为：T表示镗床；6表示卧式；8表示镗床主轴直径为85mm。

7.2.2 T68型卧式镗床运动形式与控制要求

1. 运动形式

T68型卧式镗床加工时，镗床主轴旋转完成主运动，并且可以沿其轴线移动作轴向进给运动；平旋盘只能随镗床主轴旋转作主运动；装在平旋盘导轨上的径向刀具溜板除了随平旋盘一起旋转外，还可以沿着导轨移动作径向进给运动。

T68型卧式镗床的典型加工方法如图7-5所示，图7-5a为用装在镗床主轴上的悬伸刀杆镗孔，由镗床主轴的轴向移动实现纵向进给；图7-5b表示利用后支承架支承的长刀杆镗削同一轴线上的前后两孔；图7-5c表示用装在平旋盘上的悬伸刀杆镗削较大直径的孔，两者均由工作台的移动实现纵向进给；图7-5d表示用装在镗床主轴上的端铣刀铣削平面，由主轴箱完成垂直进给运动；图7-5e、f表示用装在平旋盘上刀具溜板中的车刀车削内沟槽和端面，均由刀具溜板移动实现径向进给。

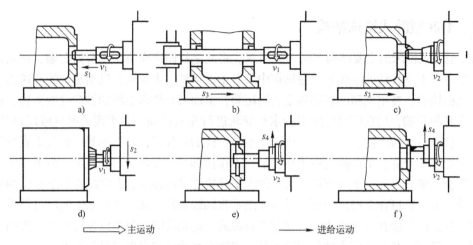

图 7-5 卧式镗床的主运动和进给运动示意图

因此，T68 型卧式镗床的运动形式是：主运动为镗床主轴和平旋盘的旋转运动。进给运动包括镗床主轴的轴向进给运动、平旋盘上刀具溜板的径向进给运动、主轴箱的垂直进给运动以及工作台的纵向和横向进给运动。辅助运动包括主轴箱和工作台等在进给运动上的快速调位移动、后立柱的纵向调位移动、后支承架与主轴箱的垂直调位移动以及工作台的转位运动。

2. 控制要求

1) 卧式镗床的主运动和进给运动多用同一台异步电动机拖动。为了适应各种形式和各种零件的加工，要求镗床的主轴有较宽的调速范围，因此多采用由双速或三速笼型异步电动机拖动的机械滑移齿轮有级变速系统，这种拖动可简化机械变速机构。目前，采用电力电子器件控制的异步电动机无级调速系统已在镗床上获得广泛应用。

2) 镗床的主运动和进给运动都采用机械滑移齿轮变速，有利于变速后齿轮的啮合，要求有变速冲动。

3) 主轴电动机的正反转可以点动控制，电气制动可采用反接制动控制。

4) 因为需要卧式镗床的各进给运动部件能够快速移动，所以一般由单独的快速进给电动机进行拖动。

【任务实施】

1. 编制实训器材明细表

编制的实训器材明细如表 7-5 所列。

表 7-5 实训器材明细表

器件序号	器材名称	性能规格	所需数量
1	T68 型卧式镗床电气控制电路	THPJC-2 型机床电气技能培训考核鉴定装置	1 台
2	万用电表	MF-47	1 块

2. 实训前的检查与准备

1) 确认实训环境符合维修电工操作的要求。

2) 确认实训设备与测试仪表性能是否良好。

3）做好实训前的各项安全工作。

3. 实训实施步骤

（1）电气控制电路的特点

1）该电路如图7-6所示。因机床主轴调速范围较大，且功率恒定，所以主轴与进给电动机M_1采用双星－三角联结双速电机。低速时，1U1、1V1、1W1接三相交流电源，1U2、1V2、1W2悬空，定子绕组联结成三角形，每相绕组中两个线圈串联，形成的磁极对数$P=2$；高速时，1U1、1V1、1W1短接，1U2、1V2、1W2端接电源，电动机定子绕组联结成双星形（YY），每相绕组中的两个线圈并联，磁极对数P为1。高、低速的变换，由主轴变速传动机构内的行程开关SQ_7控制，其动作说明如表7-6。

表7-6 主电动机高、低速变换时行程开关动作说明

触点＼位置	主电动机低速	主电动机高速
SQ_7（11-12）	关	开

2）主电动机M_1可正、反转连续运行，也可点动控制，点动时为低速。因为要求主轴能够快速、准确制动，故采用反接制动，控制电器采用速度继电器。为限制主电动机的起动和制动电流，在点动和制动时在定子绕组中串入电阻R。

3）主电动机低速时直接起动；高速运行时为减小起动电流，一般是把低速起动延时后再自动转成高速运行。

4）在主轴变速或进给变速时，主电动机需要缓慢转动，以保证变速齿轮进入良好啮合状态。主轴和进给变速均可在运行中进行，变速操作时主电动机作低速的断续变速冲动，变速完成后又恢复运行。主轴变速时电动机的缓慢转动是由行程开关SQ_3和SQ_5，进给变速是由行程开关SQ_4和SQ_6以及速度继电器KS共同完成的，如表7-7所列（"+"表示接通；"—"表示断开）。

表7-7 主轴变速和进给变速时行程开关动作说明

触点＼位置	变速孔盘被拉出（变速时）	变速后变速孔盘被推回	触点＼位置	变速孔盘被拉出（变速时）	变速后变速孔盘被推回
SQ_3（4-9）	-	+	SQ_4（9-10）	-	+
SQ_3（3-13）	+	-	SQ_4（3-13）	+	-
SQ_5（15-14）	+	-	SQ_6（15-14）	+	-

（2）电气控制电路的分析

1）主电动机的起动控制分析。

① 主电动机的点动控制。

主电动机的点动有正向点动和反向点动，分别由按钮SB_4和SB_5控制。按SB_4，接触器KM_1线圈通电而吸合，KM_1的辅助常开触点（3-13）吸合，使接触器KM_4线圈通电而吸合，三相电源经KM_1的主触点、电阻R和KM_4的主触点接通主电动机M_1的定子绕组，而为三角形联结，使电动机在低速下正向旋转。松开SB_4，主电动机断电停止。

反向点动与正向点动控制过程相似，由按钮SB_5、接触器KM_2、KM_4来实现。

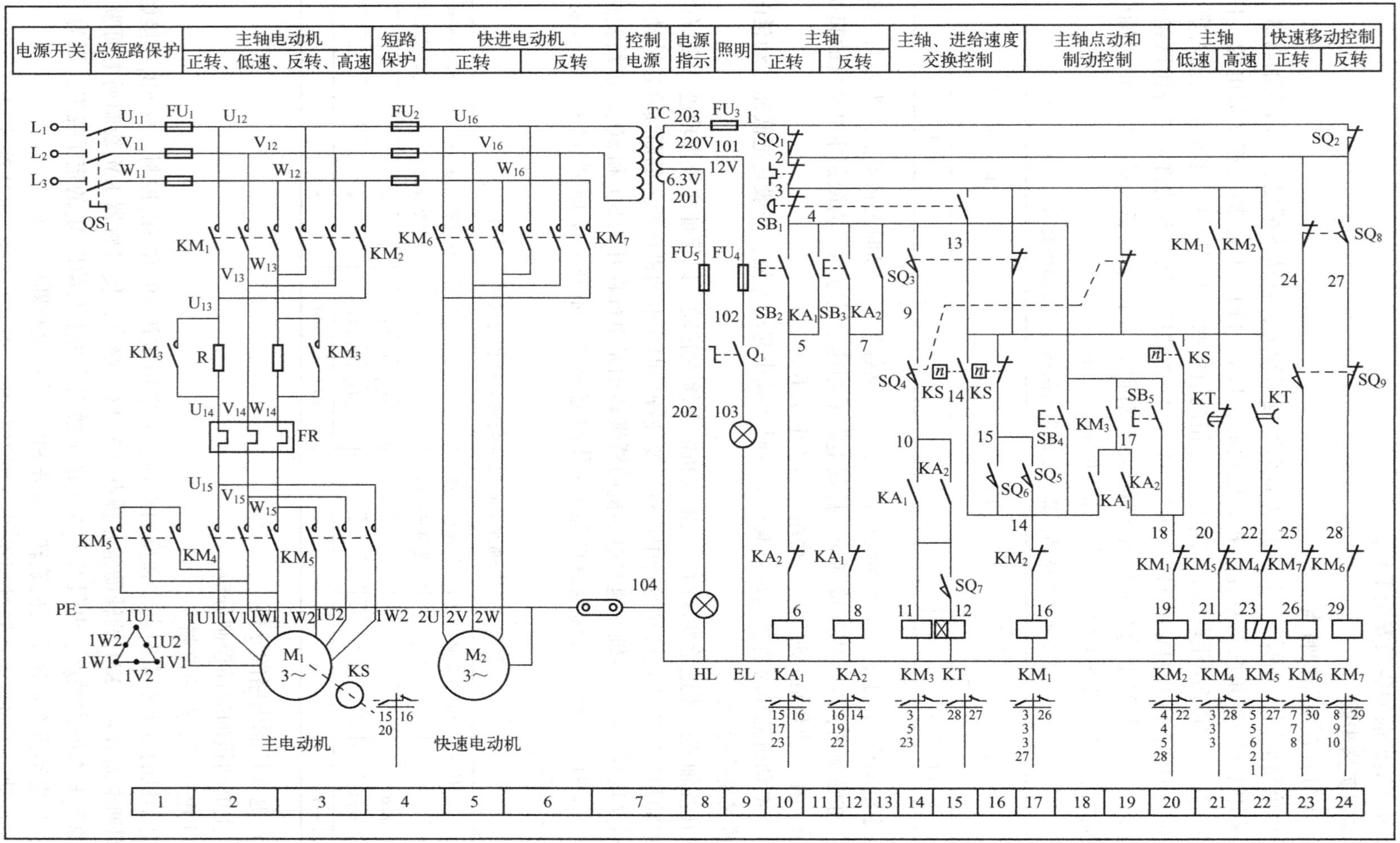

图7-6 KH-T68型卧式镗床电气原理图

② 主电动机的正反转控制。

当要求主电动机正向低速旋转时，行程开关 $SQ_7(11-12)$ 的触点处于断开位置，主轴变速和进给变速用行程开关 SQ_3（4-9）、SQ_4（9-10）均为吸合状态。按 SB_2，中间继电器 KA_1 线圈通电而吸合，它有 3 对常开触点，KA_1 常开触点 KA_1(4-5) 吸合自锁；KA_1 常开触点 KA_1(10-11) 吸合，接触器 KM_3 线圈通电而吸合，KM_3 主触点吸合，电阻 R 短接；KA_1 常开触点 KA_1(17-14) 吸合和 KM_3 的辅助常开触点 KM_3(4-17) 吸合，使接触器 KM_1 线圈通电而吸合，并将 KM_1 线圈自锁。KM_1 的辅助常开触点 KM_1(3-13) 吸合，接通主电动机低速时用的接触器 KM_4 线圈，使其通电而吸合。由于接触器 KM_1、KM_3、KM_4 的主触点均吸合，故主电动机在全电压、定子绕组三角形联结下可直接起动、低速运行。

当要求主电动机为高速旋转时，行程开关 SQ_7(11-12)、SQ_3(4-9)、SQ_4(9-10) 触点均处于吸合状态。按 SB_2 后，一方面 KA_1、KM_3、KM_1、KM_4 的线圈相继通电而吸合，使主电动机在低速下直接起动；另一方面由于 SQ_7(11-12) 的吸合，使时间继电器 KT（通电延时式）线圈通电而吸合，经延时后 KT 的通电延时断开的常闭触点 KT(13-20) 分断，KM_4 线圈断电，主电动机的定子绕组脱离三相电源，而 KT 通电延时吸合的常开触点 KT（13-22）吸合，使接触器 KM_5 线圈通电而吸合，KM_5 的主触点吸合，将主电动机的定子绕组成双星形联结后，重新接到三相电源，故电动机从低速起动转为高速旋转。

主电动机的反向低速或高速的起动旋过程与正向起动过程相似，但是反向起动所用的电器为按钮 SB_3，中间继电器 KA_2，接触器 KM_3、KM_2、KM_4、KM_5，时间继电器 KT。

2) 主电动机的反接制动控制分析。

当主电动机正转时，速度继电器 KS 正转，常开触点 KS(13-18) 吸合，而正转的常闭触点 KS(13-15) 断开。主电动机反转时，KS 反转，常开触点 KS(13-14) 吸合，为主电动机正转或反转停止时的反接制动做准备。按停止按钮 SB_1 后，主电动机因电源反接而迅速制动，当转速降至速度继电器的复位转速时，其常开触点断开，自动切断三相电源，主电动机停转。具体的反接制动过程如下所述：

① 主电动机正转时的反接制动。设主电动机为低速正转时，电器 KA_1、KM_1、KM_3、KM_4 的线圈通电而吸合，KS 的常开触点(13-18)闭合。按 SB_1、SB_1 的常闭触点(3-4)使 KA_1、KM_3 线圈断电，KA_1 的常开触点 KA_1(17-14) 再断开又使 KM_1 线圈断电，一方面使 KM_1 的主触点断开而主电动机脱离三相电源，另一方面使 KM_1(3-13) 分断而 KM_4 断电。SB_1 的常开触点 SB_1(3-13) 随后吸合，使 KM_4 重新吸合，此时主电动机由于惯性转速还很高，KS(13-18) 仍吸合，故使 KM_2 线圈通电而吸合并自锁，KM_2 的主触点吸合，使三相电源反接后经电阻 R、KM_4 的主触点接到主电动机定子绕组，进行反接制动。当转速接近零时，KS 常开触点 KS(13-18) 断开，KM_2 线圈断电，反接制动完毕。

② 主电动机反转时的反接制动。反转时的制动过程与正转制动过程相似，但是所用的电器是 KM_1、KM_4、KS 的常开触点 KS(13-14)。

③ 主电动机工作在高速正转及高速反转时的反接制动过程也可按上述情况自行分析。在此仅指明，高速正转时反接制动所用的电器是 KM_2、KM_4、KS(13-18) 触点；高速反转时反接制动所用的电器是 KM_1、KM_4、KS(13-14) 触点。

3) 主轴或进给变速时主电动机的缓慢转动控制分析。

主轴或进给变速既可以在停止时进行，又可以在镗床运行中变速。为使变速齿轮更好地啮合，可接通主电动机的缓慢转动以控制电路。

当主轴变速时,将变速孔盘拉出,行程开关 SQ_3 常开触点 $SQ_3(4-9)$ 断开,接触器 KM_3 线圈断电,主电路中接入电阻 R,KM_3 的辅助常开触点 $KM_3(4-17)$ 断开,使 KM_1 线圈断电,主电动机脱离三相电源。所以该机床可以在运行中变速,而且主电动机能自动停止。旋转变速孔盘,选定所需的转速后,将变速孔盘推入。在此过程中,若滑移齿轮的齿和固定齿轮的齿发生顶撞时,则孔盘不能被推回原位,行程开关 SQ_3、SQ_5 的常闭触点 $SQ_3(4-9)$、$SQ_5(15-14)$ 吸合,接触器 KM_1、KM_4 线圈通电而吸合,主电动机经电阻 R 在低速下正向起动,接通瞬时点动电路。主电动机转动转速达某一转时,速度继电器 KS 正转时常闭触点 $KS(13-15)$ 断开,接触器 KM_1 线圈断电,而 KS 正转常开触点 $KS(13-18)$ 吸合,使 KM_2 线圈通电而吸合,主电动机反接制动;当主电动机转速降到 KS 的复位转速后,则 KS 常闭触点 $KS(13-15)$ 又吸合,常开触点 $KS(13-18)$ 又断开,上述过程可重复进行。这种间歇的起动、制动,使主电动机缓慢旋转,以利于齿轮的啮合。若变速孔盘退回原位,则 SQ_3、SQ_5 的常闭触点 $SQ_3(3-13)$、$SQ_5(15-14)$ 断开,切断缓慢转动电路。SQ_3 的常开触点 $SQ_3(4-9)$ 闭合,使 KM_3 线圈通电而吸合,其常开触点 $KM_3(4-17)$ 闭合,又使 KM_1 线圈通电吸合,主电动机在新的转速下重新起动。

进给变速时的缓慢转动控制过程与主轴变速时主电动机的缓慢转动控制过程相同,不同的是使用的电器是行程开关 SQ_4、SQ_6。

4) 主轴箱、工作台或主轴的快速移动分析。

该机床各部件的快速移动,由快速移动操作手柄操纵快速移动电动机 M_2 完成的。当快速移动操作手柄扳向正向快速位置时,行程开关 SQ_9 被压动,接触器 KM_6 线圈通电而吸合,快速移动电动机 M_2 正转。同理,当快速移动操作手柄扳向反向快速位置时,行程开关 SQ_8 被压动,KM_7 线圈通电吸合,M_2 反转。

5) 主轴进刀与工作台联锁分析。

为防止镗床或刀具的损坏,主轴箱和工作台的机动进给控制必须联锁,不能同时接通这两种控制电路,该功能是由行程开关 SQ_1、SQ_2 实现。若同时有两种进给时,SQ_1、SQ_2 均被压动,切断控制电路的电源,避免机床或刀具的损坏。

(3) T68 型卧式镗床电气模拟装置的试运行操作

1) 准备工作。

① 查看装置背面各元器件上的接线是否紧固,各熔断器是否安装良好。

② 独立安装好接地线,设备下方垫好绝缘垫,将各开关置分断位。

③ 插上三相电源。

2) 操作试运行。

① 使装置中漏电保护部分接触器触点先吸合,再合上 QS_1,电源指示灯亮。

② 确认主轴变速开关 SQ_3、SQ_5,进给变速开关 SQ_4、SQ_6 分别处于"主轴运行"位(中间位置),然后对主轴电动机、快速移动电动机进行如下电气模拟操作。必要时也可先试操作"主轴变速冲动""进给变速冲动"。

③ 主轴电动机低速正向运转。

条件:$SQ_7(11-12)$ 断开(实际上 SQ_7 与主轴变速手柄联动)。

操作:按下 SB_2,KA_1 线圈吸合并自锁,KM_3、KM_1、KM_4 线圈吸合,主轴电动机 M_1 三角联结并低速运行。再按下 SB_1,主轴电动机制动后停转。

④ 主轴电动机高速正向运行。

条件:$SQ_7(11-12)$ 接通(实际中 SQ_7 与主轴变速手柄联动)。

操作：按下 SB_2，KA_1 线圈吸合并自锁，KM_3、KT、KM_1、KM_4 线圈相继吸合，使主轴电动机 M_1 三角联结并低速运行；延时后，KT(13-20)断开，KM_4 释放，同时 KT 触点(13-22)吸合，接触器 KM_5 线圈通电而吸合，使 M_1 换接成双星形联结并高速运行。再按下 SB_1 使主轴电动机制动后停转。

主轴电动机的反向低速、反向高速操作可通过按下 SB_3 实现，参与的电器有 KA_2、KT、KM_3、KM_2、KM_4、KM_5，可参照上述步骤③、④进行操作。

⑤ 主轴电动机正反向点动操作：按下 SB_4 可实现电动机的正向点动，参与的电器有 KM_1、KM_4；按下 SB_5 可实现电动机的反向点动，参与的电器有 KM_2、KM_4。

⑥ 主轴电动机反接制动操作。

当按下 SB_2，主轴电动机 M_1 正向低速运行，此时 KS 触点(13-18)吸合，KS 触点(13-15)分断。再按下 SB_1 后，KA_1、KM_3 释放，KM_1 释放，KM_4 释放，将 SB_1 按到底后，KM_4 又吸合，KM_2 吸合，主轴电动机 M_1 在串入电阻下反接制动，其转速下降至 KS 触点(13-18)分断时，KS(13-15)吸合，KM_2 失电而释放，制动结束。

当按下 SB_2，主轴电动机 M_1 正向高速运行，此时 KA_1、KM_3、KT、KM_1、KM_5 为吸合状态，速度继电器 KS 触点(13-18)吸合，KS 触点(13-15)分断。

再按下 SB_1 后，KA_1、KM_3、KT、KM_1 失电而释放，而 KM_2 通电而吸合，同时 KM_5 失电而释放，KM_4 通电而吸合，电动机工作于三角形联结并串入电阻下反接制动，直至停止。

当按下 SB_3，对电动机工作于低速反转或高速反转时的制动操作的分析，可参照上述方法进行。

⑦ 主轴变速与进给变速时主轴电动机瞬动模拟操作。

● 主轴变速（主轴电动机运行或停止均可）操作。

将 SQ_3、SQ_5 置"主轴变速"位，此时主轴电动机工作于间歇性地起动和制动，以获得低速旋转，便于齿轮啮合。电器状态为：KM_4 通电而吸合，KM_1、KM_2 交替进行通电而吸合。将 SQ_3 和 SQ_5 复位，则变速停止。注意：实际机床中，变速时"主轴变速手柄"与 SQ_3、SQ_5 有机械上的联系，变速时带动 SQ_3、SQ_5 动作，而后复位。

● 进给变速操作（主轴电动机运行或停止均可）操作。

将 SQ_4、SQ_6 置"主轴进给变速"位，电气控制与效果同主轴变速操作部分。注意：实际机床中进给变速时，"进给变速手柄"与 SQ_4、SQ_6 开关有机械上的联系，变速时带动 SQ_4、SQ_6 动作，而后复位。

⑧ 主轴箱、工作台或主轴的快速移动操作。

该操作均由快进电动机 M_2 拖动，电动机只工作于正转或反转，由行程开关 SQ_9、SQ_8 完成电气控制。注意：实际机床中，SQ_9、SQ_8 均"快速移动操纵手柄"联动，电动机只工作于正转或反转，拖动均有机械离合器完成。

● SQ_1、SQ_2 为联锁开关，主轴运行时，若同时压动两个开关，电动机即为停转；若压动其中任一个开关，电动机不会停转。

(4) T68 型卧式镗床电气控制电路故障的排除

1) 实训内容。

① 用通电试验方法发现故障现象，并对该现象进行故障分析，在电气原理图中用虚线标出最小的故障范围。

② 排除图 7-7 中 T68 型卧式镗床主电路或电磁吸盘电路中电气故障点（包括人为设置的两

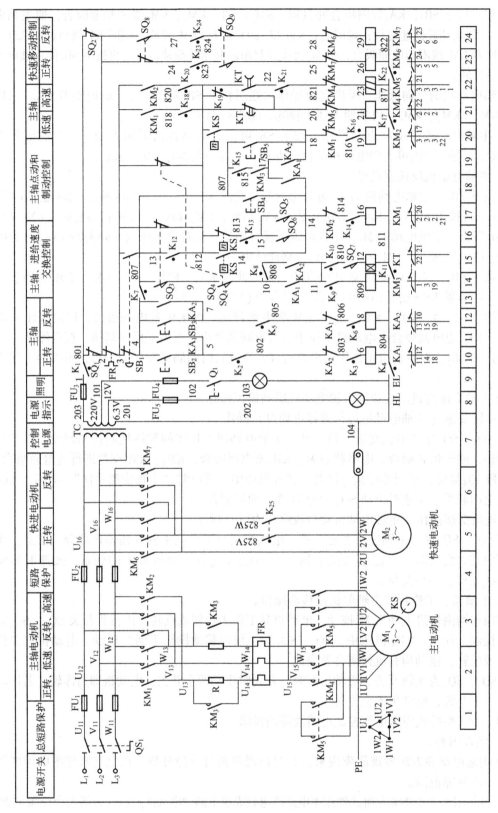

图7-7 KH-T68型卧式镗床电气故障点

个电气故障点）。

其电气故障的设置原则、实习步骤、实训要求、操作注意事项部分可参照与任务 7.1 C6140 型车床电气控制电路的装调与故障维修的"任务实施"中"（2）C6140 型车床电气控制电路故障的排除"。

2）故障设置说明如表 7-8 所列。

表 7-8 故障设置说明

故障开关	故 障 现 象	备 注
K1	机床不能起动	主轴电动机、快速移动电动机都无法起动
K2	主轴电动机正转不能起动	按下正转起动按钮无任何反应
K3	主轴电动机正转不能起动	按下正转起动按钮无任何反应
K4	机床不能起动	主轴电动机、快速移动电动机都无法起动
K5	主轴电动机反转不能起动	按下反转起动按钮无任何反应
K6	主轴电动机反转不能起动	按下反转起动按钮无任何反应
K7	主轴电动机正转不能起动	正转起动，KA_1 通电而吸合，无其他动作 反转起动，KA_2 通电而吸合，无其他动作
K8	反转起动只能点动	正转起动正常，按下 SB_3 进行反转起动时只能点动
K9	主轴电动机不能起动	正转起动，KA_1 通电而吸合，无其他动作 反转起动，KA_2 通电而吸合，无其他动作
K10	主轴电动机无法高速运转	选择高速运转时，KT、KM_5 无动作
K11	主轴、快速移动电动机不能起动	正转起动，KA_1、KM_3 通电而吸合，无其他动作 反转起动，KA_2、KM_3 通电而吸合，无其他动作 按下 SQ_8、SQ_9 电动机无任何反应
K12	电动机停止无制动	
K13	电动机停止无制动	
K14	主轴电动机不能正转	电动机反转正常
K15	主轴电动机只能点动控制	电动机正、反后不能起动，只能点动控制
K16	主轴电动机不能反转	电动机正转正常
K17	主轴、快速电动机不能起动	KM_4、KM_5 不能通电而吸合； 按 SQ_8、SQ_9 电动机无反应。
K18	主轴电动机正转且只能点动	KM_4（低速）、KM_5（高速）时状态不能保持
K19	主轴电动机无高速	KT 动作，KM_4 不能释放，KM_5 不能吸合
K20	主轴电动机反转且只能点动	KM_4（低速）、KM5（高速）时状态不能保持
K21	主轴电动机无法高速运转	KT 动作，KM_4 释放，KM_5 不能吸合
K22	主轴不能快速移动	电动机主轴正常
K23	快速进行的电动机不能正转	
K24	快速进行的电动机不能反转	
K25	快速进行的电动机不转	KM_6、KM_7 能吸合，但电动机不转

【考核与评价】

本部分内容参见"任务 7.1 C6140 型车床电气控制电路的装调与故障维修"的"考核与评价"相关部分。考核与评价见表 7-9。

表 7-9 考核与评价

考 核 点 （所占比例）	建议考核方式	评价标准			
		优	良	中	及 格
T68型卧式镗床电气控制电路的工作原理，元器件组成；电动机起动顺序；保护环节的运用；	教师评价、学生互评	熟练掌握组成T68型卧式镗床电气控制电路的一般规律；熟练掌握元器件组成，保护环节的运用；熟练操作控制柜	熟练掌握组成T68型卧式镗床电气控制电路的一般规律；掌握元器件组成，保护环节的运用；熟练操作控制柜	掌握组成T68型卧式镗床电气控制电路的一般规律；掌握元器件组成；掌握保护环节的运用；掌握操作控制柜	基本掌握组成T68型卧式镗床电气控制电路的一般规律；掌握元器件组成；掌握保护环节的运用；掌握操作控制柜

任务 7.3　X62W 万能铣床电气控制电路的装调与故障维修

【任务目标】

1. 通过 X62W 万能铣床电气控制电路的识读，了解 X62W 万能铣床电气控制的基本工作原理。
2. 掌握 X62W 万能铣床电气控制电路的维护与检修的操作技能。
3. 掌握电工安全操作规程和安全用电操作技能。

【任务描述】

1. 分析 X62W 万能铣床电气控制电路原理图。
2. 操作 X62W 万能铣床控制柜。
3. 排除 X62W 万能铣床控制柜的常见故障。

职业能力要点：

1. 熟悉 X62W 万能铣床控制电路，掌握 X62W 万能铣床的工作原理。
2. 会用万用表对电路进行故障判断，能做通电试验。

职业素质要求：工具摆放合理，操作完毕后及时清理工作台，并填写使用记录。

【知识准备】

铣床是一种用途十分广泛的金属切削机床，其使用范围仅次于车床。铣床可用于加工平面、斜面和沟槽；如果装上分度头，可以铣削直齿齿轮和螺旋面；如果装上圆工作台，还可以加工凸轮和弧形槽等。铣床的种类很多，主要有卧式铣床、立式铣床、龙门铣床、仿形铣床及各种专用铣床等，其中卧式铣床的主轴是水平的，而立式铣床的主轴是垂直的。

7.3.1　X62W 万能铣床结构

图 7-8 是 X62W 万能铣床的结构示意图。床身固定于底座上，用于安装和支承铣床的各部件，在床身内还装有主轴部件、主传动装置及其变速操纵机构等。床身顶部的导轨上装有悬梁，悬梁上装有刀杆支架。铣刀则装在刀杆上，刀杆的一端装在主轴上，另一端装在刀杆支架上。刀杆支架可以在悬梁上作水平移动，悬梁又可以在床身顶部的水平导轨上作水平移动，因此可以适应各种不同长度的刀杆。床身的前部有垂直导轨，升降台可以沿导轨作上下移动，升降台内装有进给运动和快速移动的传动装置及其操纵机构等。在升降台的水平导轨上装有滑座，可以沿导轨作平行于主轴轴线方向的横向移动；工作台又经过回转盘装在滑

座的水平导轨上，可以沿导轨作垂直于主轴轴线方向的纵向移动。这样，紧固在工作台上的工件，通过工作台、回转盘、滑座和升降台，可以在相互垂直的 3 个方向上实现进给或调整运动。在工作台与滑座之间的回转盘还可以使工作台左右转动 45°，因此工作台在水平面上除了可以作横向和纵向进给外，还可以实现不同角度上的进给，用以铣削螺旋槽。X62W 的含义为：X 表示铣床；6 表示卧式；2 表示 2 号铣床；W 表示万能。

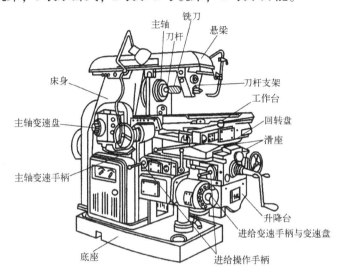

图 7-8　X62W 万能铣床结构示意图

7.3.2　X62W 万能铣床的运动形式与控制要求

1. 运动形式

从图 7-9 可以看出，铣床的主运动是主轴带动刀杆和铣刀的旋转运动；进给运动包括工作台带动工件在水平的纵、横方向及垂直方向 3 个方向的运动；辅助运动则是工作台在 3 个方向的快速移动。图 7-9 为铣床主运动和进给运动示意图。

2. 控制要求

铣床的主运动和进给运动各由 1 台电动机拖动，这样铣床的电力拖动系统一般由 3 台电动机所组成：主轴电动机、进给电动机和冷却泵电动机。

主轴电动机通过主轴变速箱驱动主轴旋转，并由齿轮变速箱变速，以适应铣削工艺对转速的要求，对电动机则不需要调速。由于铣削分为顺铣和逆铣两种加工方式，分别使用顺铣刀和逆铣刀，所以要求主轴电动机能够正反转，但只要求预先选定主轴电动机的转向，在加工过程中则不需要主轴再反转。又由于铣削是多刃且不连续的切削，负载不稳定，所以主轴上装有飞轮，以提高主轴旋转的均匀性，消除铣削加工时产生的振动，这样主轴传动系统的惯性较大，因此还要求主轴电动机在停机时有电气制动。

进给电动机作为工作台进给运动及快速移动的动力，也要求能够正反转，以实现三个方向的正反向进给运动；通过进给变速箱，可获得不同的进给速度。为了使主轴和进给传动系统在变速时齿轮能够顺利地啮合，要求主轴电动机和进给电动机在变速时能够稍微转动一下（称为变速冲动）。3 台电动机之间还要求有联锁控制，即在主轴电动机起动之后另两台电动机才能起动运行。由此，铣床对电力拖动及其控制有以下要求：

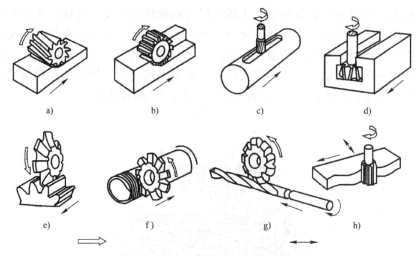

图 7-9 铣床主运动和进给运动示意图
a) 铣平面 b) 铣阶台 c) 铣键槽 d) 铣 T 型槽
e) 铣齿轮 f) 铣螺纹 g) 铣螺旋线 h) 铣曲面

1) 需要 3 台电动机，分别称为主轴电动机、进给电动机和冷却泵电动机。

2) 由于加工时有顺铣和逆铣两种，所以需要主轴电动机能正反转及在变速时有音速冲动进给电动机，以利于齿轮的啮合，并且还能实现制动和两地控制。

3) 工作台的 3 种运动形式、6 个方向的移动要求能正反转，且纵向、横向、垂直 3 种运动形式的电路控制相互间应有联锁，以确保操作安全。同时需要工作台在进给变速时，电动机也能有变速冲动、能够实现快速进给及两地控制等要求。

4) 冷却泵电动机只需要正转。

5) 进给电动机与主轴电动机需要实现其联锁控制，即主轴工作后才能进行进给运动。

【任务实施】

1. 编制实训器材明细表

编制的实训器材明细如表 7-10 所列。

表 7-10 实训器材明细表

器件序号	器材名称	性能规格	所需数量
1	X62W 万能铣床电气控制电路	THPJC-2 型机床电气技能培训考核鉴定装置	1 台
2	万用电表	MF-47	1 块

2. 实训前的检查与准备

1) 确认实训环境符合维修电工操作的要求。
2) 确认实训设备与测试仪表性能是否良好。
3) 做好实训前的各项安全工作。

3. 实训实施步骤

(1) 电气控制电路的分析

电气原理图是由主电路、控制电路和照明电路三部分组成，如图 7-10 所示。

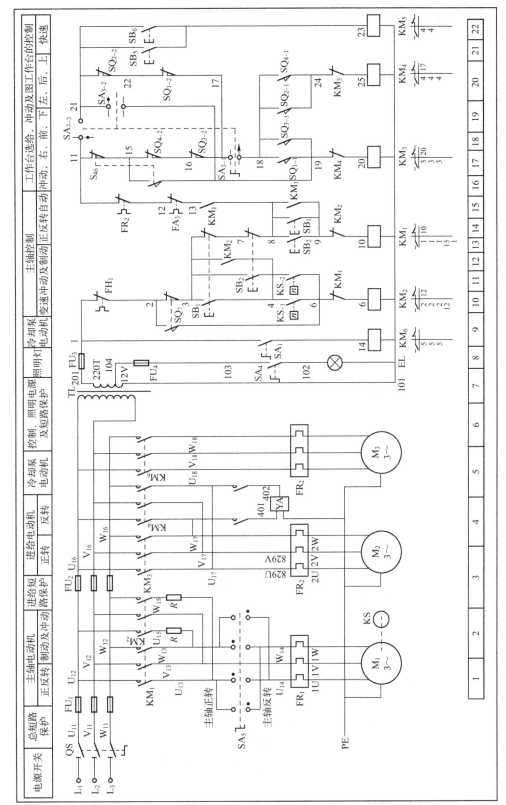

图7-10 X62W万能铣床电气原理图

1）主电路电动机的分析。

主电路有 3 台电动机。M_1 是主轴电动机；M_2 是进给电动机；M_3 是冷却泵电动机。

① 主轴电动机 M_1 通过换相开关 SA_5 与接触器 KM_1 配合，能进行正反转控制，而与接触器 KM_2、制动电阻器 R 及速度继电器 KS 的配合，能实现串入电阻后的变速冲动和正反转时反接制动控制，并能通过机械联动结构进行变速。

② 进给电动机 M_2 能进行正反转控制，通过接触器 KM_3、KM_4，与行程开关及 SQ_{1-1}、SQ_{2-1}、SQ_{3-1}、SQ_{4-1}、KM_5、牵引电磁铁 YA 配合，能实现进给变速时的变速冲动、6 个方向的常速进给和快速进给控制。

③ 冷却泵电动机 M_3 只作正转。

④ 熔断器 FU_1 作机床总短路保护，也兼作 M_1 的短路保护；FU_2 作为 M_2、M_3 及控制变压器 TC、照明灯 EL 的短路保护；热继电器 FR_1、FR_2、FR_3 分别作 M_1、M_2、M_3 的过载保护。

2）控制电路的分析。

① 主轴电动机的控制分析（图 7-11）

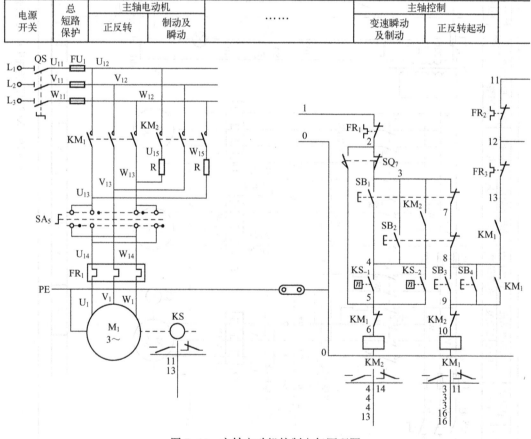

图 7-11 主轴电动机控制电气原理图

- SB_1、SB_3与SB_2、SB_4是分别装在机床两边的停止（制动）和起动按钮，实现两地控制，方便操作。
- KM_1是主轴电动机起动接触器，KM_2是反接制动和主轴变速冲动接触器。
- SQ_7是与主轴变速手柄联动的变速冲动行程开关。
- 主轴电动机起动时，要先将SA_5扳到主轴电动机所需要的旋转方向，然后再按起动按钮SB_3或SB_4来起动电动机M_1。
- M_1起动后，速度继电器KS的一对常开触点吸合，为主轴电动机的制动做好准备。
- 停车时，按停止按钮SB_1或SB_2切断KM_1电路，接通KM_2电路，改变电动机M_1的电源相序可串入电阻实现反接制动。当电动机M_1的转速低于120r/min，速度继电器KS的一对常开触点分断，切断KM_2电路，电动机M_1停转，制动结束。
- 主轴电动机变速时的变速冲动控制是利用主轴变速手柄与冲动行程开关SQ_7通过机械上联动机构进行控制的。

据以上分析可写出主轴电动机转动时控制电路的通路：1—2—3—7—8—9—10—KM_1线圈—0；主轴停止与反接制动时控制电路的通路：1—2—3—4—5—6—KM_2线圈—0。

图7-12为主轴变速冲动控制示意图。主轴变速时，先下压主轴变速手柄，然后将变速置拉到前面，当快要落到第2道槽时，转动变速盘，选择需要的转速。此时凸轮压下弹簧杆，使行程开关SQ_7的常闭触点先断开，切断KM_1线圈的电路，电动机M_1断电；同时SQ_7的常开触点接通，KM_2线圈得电而吸合，M_1被反接制动。当手柄拉到第二道槽时，SQ_7不受凸轮控制而复位，电动机M_1停转。接着把手柄从第2道槽推回原始位置时，凸轮又瞬时压动行程开关SQ_7，使电动机M_1反向变速冲动，以利于变速后的齿轮啮合。

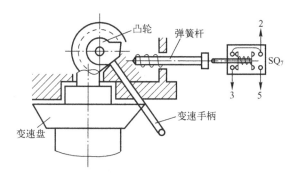

图7-12 主轴变速冲动控制示意图

注意：不论主轴电动机是起动还是停止时，都应以较快的速度把手柄推回原始位置，以免通电时间过长，引起主轴电动机M_1转速过高而打坏齿轮。

3）工作台进给电动机的控制分析。工作台的纵向、横向和垂直运动都由进给电动机控制。电动机M_2驱动接触器KM_3和KM_4使M_2实现电动机M_2正反转，用以改变进给运动方向。它的控制电路采用了与纵向运动进给操作手柄联动的行程开关SQ_1、SQ_2和横向及垂直运动进给操作手柄联动的行程开关SQ_3、SQ_4组成复合联锁控制。即在选择3种运动形式的6个方向移动时，只能进行其中一个方向的移动，以确保操作安全，当这2个进给操作手柄都在中间位置时，各行程开关都处于未被按压的原始状态。

由原理图 7-10 可知：电动机 M_2 在主轴电动机 M_1 起动后才能进行工作。在机床接通电源后，将控制工作台的组合开关 SA_{3-2}（21-19）扳到断开状态，使触点 SA_{3-1}（17-18）和 SA_{3-3}（11-21）吸合，然后按下 SB_3 或 SB_4，这时接触器 KM_1 吸合，使 KM_1（8-13）触点合，就可进行工作台的进给控制。具的进给控制有下面 4 种情况。

① 工作台纵向（左右）运动的控制。

工作台的纵向运动是由进给电动机 M_2 驱动，由纵向进给操作手柄来控制。此手柄是复式的，一个安装在工作台底座的顶面中央部位，另一个安装在工作台底座的左下方。手柄有 3 个位置：向左、向右、零位。当手柄被扳到向右或向左运动方向时，手柄的联动机构压下行程开关 SQ_2 或 SQ_1，使接触器 KM_4 或 KM_3 动作，控制进给电动机 M_2 的转向。工作台左右运动时的行程，大小可通过调整安装在工作台两端的挡铁位置来实现。当工作台纵向运动到极限位置时，挡铁撞动纵向进给操作手柄，使它回到零位，电动机 M_2 停转，工作台停止运动，从而实现了纵向进给终端的保护。

工作台向左运动：在电动机 M_1 起动后，将纵向进给操作手柄扳至向右位置，一方面接通纵向离合器，同时在电气上压下行程开关 SQ_2，使 SQ_{2-2} 断开，SQ_{2-1} 接通，而其他控制进给运动的行程开关都处于原始位置，此时使 KM_4 吸合，电动机 M_2 反转，实现工作台向右进给运动。其控制电路的通路为：11—15—16—17—18—24—25—KM_4 线圈—0。

工作台向右进给运动。当纵向进给操作手柄被扳至向左位置时，仍然接通纵向进给离合器，但却压动了行程开关 SQ_1，使 SQ_{1-2} 断开和 SQ_{1-1} 接通，使 KM3 通电而吸合，电动机 M_2 正转，实现工作台向右进给运动，其通路为：11—15—16—17—18—19—20—KM_3 线圈—0。

② 工作台垂直（上下）和横向（前后）运动的控制。

工作台的垂直和横向运动由垂直和横向进给操作手柄操纵。此手柄也是复式的，有 2 个完全相同的手柄分别装在工作台左侧的前、后方。手柄的机械联动机构一方面压下行程开关 SQ_3 或 SQ_4，同时能接通垂直或横向进给离合器。操作手柄有 5 个位置（上、下、前、后、中间），这 5 个位置是联锁的，工作台上下和前后的终端保护是利用装在床身导轨旁和工作台座上的挡铁，将进给操作手柄扳到中间位置，使 M_2 断电停转。

工作台向后（或者向上）运动的控制：将进给操作手柄扳至向后（或者向上）位置时，通过机械联动机构接通横向进给（或者垂直进给）离合器，同时压下进程 SQ_3，使 SQ_{3-2} 断开，SQ_{3-1} 接通，使 KM_3 通电而吸合，电动机 M_2 正转，实现工作台向后（或者向上）运动。其通路为：11—21—22—17—18—19—20—KM_3 线圈—0。

工作台向前（或者向下）运动的控制：将进给操作手柄扳至向前（或者向下）位置时，通过机械联动机构接通横向进给（或者垂直进给）离合器，同时压下行程开关 SQ_4，使 SQ_{4-2} 断，SQ_{4-1} 通，使 KM_4 通电而吸合，电动机 M_2 反转，实现工作台向前（或者向下）运动。其通路为：11—21—22—17—18—24—25—KM_4 线圈—0。

③ 进给电动机变速时的变速冲动控制。变速时为使齿轮易于啮合，进给变速与主轴变速一样，设有变速冲动环节。当需要进行进给变速时，应将变速盘的蘑菇形手轮向外拉出并

转动变速盘，让所需进给量的标尺数字对准箭头，然后再把蘑菇形手轮用力向外拉到极限位置并随即推向原位，就在一次操纵手轮的同时，其连杆机构两次瞬时压下行程开关 SQ_6，使 KM_3 瞬时通电而吸合，电动机 M_2 作正向变速冲动。

其通路为：11—21—22—17—16—15—19—20—KM_3 线圈—0。由于进给变速冲动的通电回路要经过 SQ_1~SQ_4 这 4 个行程开关的常闭触点，因此只有当进给运动的操作手柄都在中间（停止）位置时，才能实现进给变速冲动控制，以保证操作时的安全。同时，与主轴变速冲动控制一样，电动机的通电时间不能太长，以防止转速过高，在变速时打坏齿轮。

④ 工作台的快速进给控制。为提高劳动生产率，要求铣床在不作铣切加工时，工作台能快速移动。工作台快速进给也是由进给电动机 M_2 来驱动，在纵向、横向和垂直 3 种运动形式 6 个方向上都可以实现快速进给控制。

主轴电动机起动后，将进给变速手柄扳到所需位置，工作台按照选定的速度和方向作常速进给移动时，再按下快速进给按钮 SB_5（或 SB_6），使接触器 KM_5 通电而吸合，接通牵引电磁铁 YA，电磁铁 YA 通过杠杆作用使摩擦离合器闭合以减少中间传动装置，使工作台按运动方向作快速进给运动。当松开快速进给按钮时，电磁铁 YA 断电，摩擦离合器断开，快速进给运动停止，工作台仍按原进给速度继续运动。

4）圆形工作台运动的控制分析

铣床如需铣切螺旋槽、弧形槽等曲线时，可在工作台上安装圆形工作台及其传动机械，圆形工作台的回转运动也是由进给电动机 M_2 传动机构驱动的。

圆形工作台工作时，应先将进给变速手柄都扳到中间（停止）位置，然后将工作台组合开关 SA_3 扳到使圆形工作台接通的位置。此时 SA_{3-1} 断开，SA_{3-3} 断开，SA_{3-2} 接通。准备就绪后，按下主轴起动按钮 SB_3 或 SB_4，则接触器 KM_1 与 KM_3 相继吸合。主轴电动机 M_1 与进给电动机 M_2 相继起动并运行，而进给电动机 M_2 仅以正转方向带动圆形工作台作定向回转运动。其通路为：11—15—16—17—22—21—19—20—KM_3 线圈—0。由上可知，圆形工作台回转与工作台进给是联锁的，即当圆形工作台作回转运动时，不允许工作台在纵向、横向、垂直方向上有任何运动。若误操作而扳动进给变速手柄（即压下 SQ_1~SQ_4、SQ_6 中任一个），电动机 M_2 即停转。

（2）X62W 万能铣床电气控制电路故障排除

1）实训内容。

① 用通电实验方法发现故障现象，进行故障现象，进行故障分析，并在电气原理图中用粗实线标出最小的故障范围。

② 排除图 7-13 中 X62W 万能铣床主电路电气故障点（包括人为设置的两个电气故障点）。

2）电气故障的设置原则。

其电气故障的设置原则、实习步骤、实训要求和操作注意事项可参照任务 7.1 C6140 型车床电气控制电路的装调与故障维修的"任务实施"中"（2）C6140 型车床电气控制电路故障的排除"。

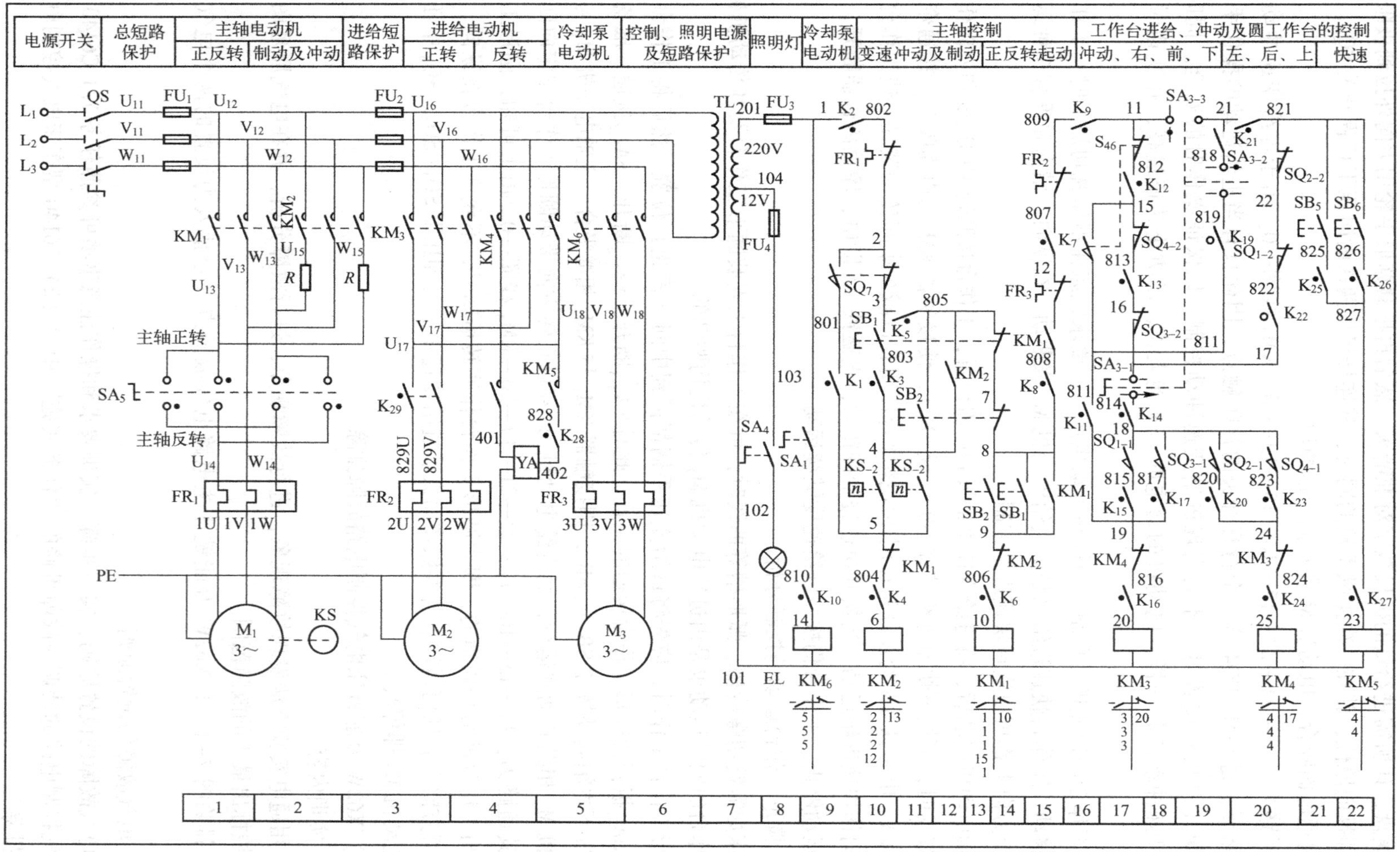

图7-13 KH-X62W万能铣床电气故障点

2）故障设置说明如表 7-11 所列。

表 7-11 故障设置说明

故障开关	故 障 现 象	备 注
K_1	主轴电动机无变速冲动	主轴电动机的正反转及停止制动均正常
K_2	主轴电动机的正反转、进给均不能动作	照明指示灯、冷却泵电动机均能工作
K_3	按下 SB_1 主轴电动机无制动	按下 SB_2 主轴电动机制动正常
K_4	主轴电动机无制动	按 SB_1、SB_2 停止时主轴电动机均无制动
K_5	主轴电动机不能起动	主轴不能起动,按下 SQ_7 主轴电动机可以瞬动
K_6	主轴电动机不能起动	主轴电动机不能起动,按下 SQ_7 主轴电动机可以瞬动
K_7	进给电动机不能起动	主轴电动机能起动,进给电动机不能起动
K_8	进给电动机不能起动	主轴能起动,进给电动机不能起动
K_9	进给电动机不能起动	主轴电动机能起动,进给电动机不能起动
K_{10}	冷却泵电动机不能起动	
K_{11}	进给时无变速冲动,工作台不能正常工作	非圆工作台工作正常
K_{12}	不能实现工作台左右进给	工作台向上（或向后）、向下（或向前）进给正常,进给时无变速无冲动
K_{13}	不能实现工作台左右进给、无变速冲动、非圆工作台不能正常工作	向上（或向后）、向下（或向前）进给正常
K_{14}	各方向进给无法实现	圆工作台工作正常、变速冲动正常进行
K_{15}	不能实现工作台向左进给	非圆工作台工作时,不能向左进给,其他方向进给正常
K_{16}	进给电动机不能正转	圆工作台不能工作；非圆工作台工作时,不能向左、向上或向后进给。无变速动
K_{17}	不能实现工作台向上或向后进给	非圆工作台工作时,不能向上或向后进给,其他方向进给正常
K_{18}	圆形工作台不能工作	非圆工作台工作正常,能进给变速冲动
K_{19}	圆形工作台不能工作	非圆工作台工作正常,能进给变速冲动
K_{20}	不能实现工作台向右进给	非圆工作台工作时,不能向右进给,其他工作正常。
K_{21}	不能上下（或前后）进给,不能快进,无变速冲动	圆工作台不能工作；非圆工作台工作时能左右进给,不能快进,不能上下（或前后）进给
K_{22}	不能实现工作台上下（或前后）进给,无变速冲动,圆工作台不工作	非圆工作台工作时,能左右进给,左右进给时能快进,不能上下（或前后）进给
K_{23}	不能向下（或前）进给	非圆工作台工作时,不能向下或向前进给,其他工作正常
K_{24}	进给电动机不能反转	圆工作台工作正常,有变速冲动；非圆工作台工作时,不能向右、向下或向前进给
K_{25}	只能在一地进行快进操作	进给电机起动后,按 SB_5 不能快进,按 SB_6 能快进
K_{26}	只能在一地进行快进操作	进给电机起动后,按 SB_5 能快进,按 SB_6 不能快进
K_{27}	不能快进	进给电机起动后,不能快进
K_{28}	电磁阀不动作	进给电机起动后,按下 SB_5（或 SB_6）,KM_5 通电而吸合,电磁阀 YA 不动作
K_{29}	进给电动机不转动	进给操作时,KM_3 或 KM_4 能动作,但进给电动机不转动

【考核与评价】

本部分内容参见"任务 7.1 C6140 型车床电气控制电路的装调与故障维修"的"考核与评价"部分。对应的考核与评价见表 7-12。

表 7-12 考核与评价

考核点 （所占比例）	建议考核方式	评价标准			
		优	良	中	及格
X62W 万能铣床电气控制电路的工作原理，元器件组成；电动机起动顺序；保护环节的运用；	教师评价、学生互评	熟练掌握组成 X62W 万能铣床电气控制电路的一般规律；掌握元器件组成，保护环节的运用；熟练操作控制柜	熟练掌握组成 X62W 万能铣床电气控制电路的一般规律；掌握元器件组成，保护环节的运用；掌握操作控制柜	掌握组成 X62W 万能铣床电气控制电路的一般规律；熟练掌握元器件组成，保护环节的运用；掌握操作控制柜	基本掌握组成 X62W 万能铣床电气控制电路的一般规律；掌握元器件组成，保护环节的运用；掌握操作控制柜

任务 7.4　Z3040B 型摇臂钻床的电气控制电路的装调与故障维修

【任务目标】

1. 通过 Z3040B 型摇臂钻床电气控制电路的识读，了解 Z3040B 型摇臂钻床电气控制的基本工作原理。
2. 掌握 Z3040B 型摇臂钻床电气控制电路的维护与检修的操作技能。
3. 掌握电工安全操作规程和安全用电操作技能。

【任务描述】

1. 分析 Z3040B 型摇臂钻床电气控制电路原理图。
2. 操作 Z3040B 型摇臂钻床控制柜。
3. 排除 Z3040B 型摇臂钻床控制柜的常见故障。

职业能力要点：

1. 熟悉 Z3040B 型摇臂钻床控制电路，掌握 Z3040B 型摇臂钻床的工作原理。
2. 会用万用表对线路进行故障判断，能做通电试验。

职业素质要求：工具摆放合理，操作完毕后及时清理工作台，并填写使用记录。

【知识准备】

钻床是一种用途广泛的孔加工机床。它主要是用钻头钻削精度要求不太高的孔，另外还可用来扩孔、铰孔、镗孔，以及刮平面、攻螺纹等。钻床的结构形式很多，有立式钻床、卧式钻床、深孔钻床及多轴钻床等。摇臂钻床是一种立式钻床，它适用于单件或批量生产中带有多孔的大型零件的孔加工。

7.4.1 Z3040B 型摇臂钻床结构

图 7-14 为 Z3040B 型摇臂钻床的结构示意图。主要由底座、内立柱、外立柱、摇臂、主轴箱、工作台等组成。内立柱固定在底座上，在它外面套着空心的外立柱，外立柱可绕着内立柱回转一周，摇臂一端的套筒部分与外立柱进行滑动配合，借助于丝杠，摇臂可沿着外立柱作上下移动，但两者不能做相对转动，所以摇臂将与外立柱一起相对内立柱转动。主轴箱是一个复合的部件，它具有主轴、主轴旋转部件、主轴进给的相关变速和操纵机构。主轴箱可沿着摇臂上的水平导轨作径向移动。当进行加工时，可利用特殊的夹紧机构将外立柱紧固在内立柱上，摇臂紧固在外立柱上，主轴箱紧固在摇臂导轨上，然后进行钻削加工。Z3040B 的含义为：Z 表示钻床；3 表示摇臂钻床组；0 表示摇臂钻床型号；40 表示最大钻孔直径为 40 mm。

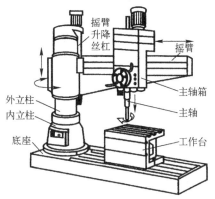

图 7-14 摇臂钻床的结构示意图

7.4.2 Z3040B 型摇臂钻床的运动形式与控制要求

1. 运动形式

钻削加工时，主运动为主轴的旋转运动；进给运动为主轴的垂直移动；辅助运动为摇臂在外立柱上的升降运动、摇臂与外立柱一起沿内立柱的转动及主轴箱在摇臂上的水平移动。

2. 控制要求

1）由于摇臂钻床的运动部件较多，为简化传动装置，需使用多台电动机拖动，主轴电动机承担主钻削及进给任务，摇臂升降、夹紧放松和冷却泵各用一台电动机拖动。

2）为了适应多种加工方式的要求，主轴及进给运动需要在较大范围内调速。但这些调速都是通过机械调速实现，即用手柄操作变速箱进行调速，因此对电动机无任何调速要求。主轴变速机构与进给变速机构在一个变速箱内，由主轴电动机拖动。

3）加工螺纹时要求主轴能正反转。摇臂钻床的正反转一般用机械机构实现，电动机只需单方向旋转。

4）摇臂升降由单独的一台电动机拖动，要求能实现正反转。

5）摇臂的夹紧与放松以及立柱的夹紧与放松由一台异步电动机配合液压装置来完成，要求这台电动机能正反转。摇臂的回转和主轴箱的径向移动在中小型摇臂钻床上都采用手动实现。

6）钻削加工时为对刀具及工件进行冷却，需要一台冷却泵电动机拖动冷却泵来输送冷却液。

7）各部分电路之间需要有必要的保护和联锁。

【任务实施】

1. 编制实训器材明细表

编制的实训器材明细如表 7-13 所列。

表 7-13 实训器材明细表

器件序号	器材名称	性能规格	所需数量
1	Z3040B 型摇臂钻床电气控制电路	THPJC-2 型机床电气技能培训考核鉴定装置	1 台
2	万用电表	MF-47,南京电表厂	1 块

2. 实训前的检查与准备

1）确认实训环境符合维修电工操作的要求。
2）确认实训设备与测试仪表性能是否良好。
3）做好实训前的各项安全工作。

3. 实训实施步骤

（1）电气控制电路的分析

Z3040B 型摇臂钻床电气原理图如图 7-15 所示。

1）主电路分析。

机床的电源开关采用接触器 KM。这是由于机床的主轴旋转和摇臂升降不是用按钮操作，而采用了不自动复位的开关操作。用按钮和接触器来代替一般的电源开关，就可以具有零压保护和一定的欠电压保护作用。

主电动机 M_2 和冷却泵电机 M_1 都只需作单方向旋转，所以用接触器 KM_1 和 KM_6 分别控制。立柱夹紧、松开电动机 M_3 和摇臂升降电动机 M_4 都需要正反转，所以各用两个接触器进行控制：KM_2 和 KM_3 控制立柱的夹紧和松开；KM_4 和 KM_5 控制摇臂的升降。KH-Z3040B 型摇臂钻床的 4 台电动机只用了 2 套熔断器作短路保护。只有主轴电动机具有过载保护。因立柱夹紧、松开电动机 M_3 和摇臂升降电动机 M_4 都是短时工作，故不需要用热继电器进行过载保护。冷却泵电机 M_1 因容量很小，也没有使用保护器件。

在安装实际的机床电气设备时，应当注意三相交流电源的相序。如果三相电源的相序接错了，电动机的旋转方向就要与规定的方向不符，在开动机床时容易发生事故。KH-Z3040B 型摇臂钻床三相电源的相序可以用立柱的夹紧机构来检查。KH-Z3040B 型摇臂钻床立柱的夹紧和放松动作有指示牌指示。接通机床电源，使接触器 KM 动作，将电源引入机床。然后按压立柱夹紧或放松按钮 SB_1 和 SB_2。如果夹紧和松开动作与指示牌的指示相符合，就表示三相电源的相序是正确的；如果相反则三相电源的相序一定是接错了。这时应当关断总电源，把三相电源线中的任意两根电线对调位置重新接好，就可以保证相序正确。

2）控制电路分析。

① 电源接触器和冷却泵的控制。

按下 SB_3，电源接触器 KM 吸合并自锁，把机床的三相电源接通。按下 SB_4，KM 断电而释放，机床电源即被断开。KM 通电而吸合后转动 SA_6，使其接通，KM_6 通电而吸合，冷却泵电动机起动。

② 主轴电动机和摇臂升降电动机控制。

采用对十字形开关的手柄操作，控制电路中的 SA_{1a}、SA_{1b} 和 SA_{1c} 是十字形开关的三个触头。十字形开关的手柄有 5 个位置。当手柄处在中间位置，所有的触点都不通，手柄向右使触点 SA_{1a} 吸合，接通主轴电动机接触器 KM_1；手柄向上使触头 SA_{1b} 吸合，接通摇臂上升接

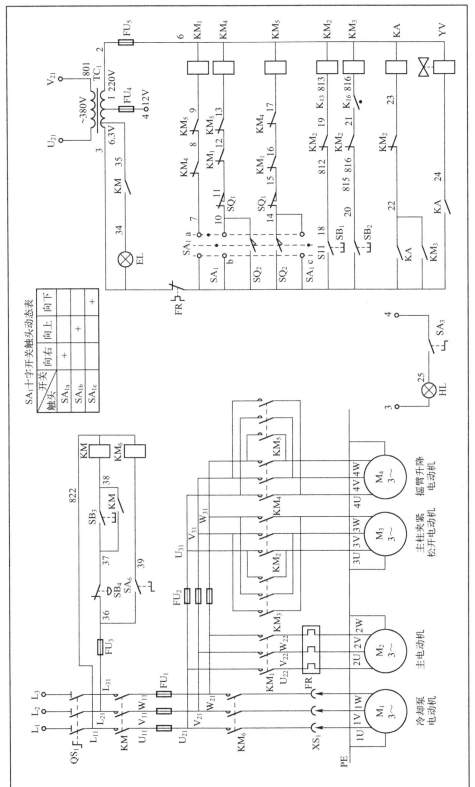

图7-15 Z3040B型摇臂钻床的原理图

触器 KM_4；手柄向下使触头 SA_{1c} 吸合，接通摇臂下降接触器 KM_5。手柄向左的位置现未利用。十字形开关的使用使操作形象化，不容易误操作。对十字形开关的手柄操作时，一次只能占有一个位置，KM_1、KM_4、KM_5 三个接触器就不会同时通电，利于防止主轴电动机和摇臂升降电动机同时起动，也减少了接触器 KM_4 与 KM_5 的主触头同时吸合而造成短路的机会。但是单靠十字形开关还不能完全防止 KM_1、KM_4 和 KM_5 三个接触器的主触点同时吸合的事故。因为接触器的主触点由于通电发热和火花的影响，有时会焊住而不能释放。特别是在操作频繁的情况下，容易发生这种事故。这样，就可能在十字形开关手柄被改变位置的时候，一个接触器未释放，而另一个接触器又吸合而导致事故的发生。所以在控制电路上 KM_1、KM_4、KM_5 三个接触器之间都要通过动断触点进行联锁，使电路的更为安全可靠。

③ 摇臂升降和夹紧工作的自动循环。

摇臂钻床正常工作时，摇臂应夹紧在立柱上。因此，在摇臂上升或下降之时，必须先松开夹紧装置。当摇臂上升或下降到指定位置时，夹紧装置又须将摇臂夹紧。机床摇臂的松开，升（或降）、夹紧这个过程能够自动完成。将十字形开关手柄扳到上升位置（即向上），触点 SA_{1b} 闭合，接触器 KM_4 吸合，摇臂升降电动机正转起动。此时摇臂无法移动，电动机通过传动机构使一个辅助螺母在丝杠上旋转上升，辅助螺母能够带动夹紧装置使之松开。当夹紧装置松开的时候，带动行程开关 SQ_2，其触点 SQ_2（6-14）吸合，为接通接触器 KM_5 做准备。摇臂松开后，辅助螺母继续上升，带动一个主螺母沿着丝杠上升，主螺母则推动摇臂上升。摇臂升到预定高度，将十字形开关手柄扳到中间位置，触点 SA_{1b} 断开，接触器 KM_4 断电而释放。电动机停转，摇臂停止上升。由于行程开关 SQ_2（6-14）仍旧吸合着，所以在 KM_4 释放后，接触器 KM_5 通电而吸合，摇臂升降电动机即反转，这时电动机通过辅助螺母将夹紧装置的摇臂夹紧。当摇臂完全夹紧时，行程开关 SQ_2（6-14）断开，接触器 KM_5 断电而释放，电动机 M_4 停转。

摇臂下降的过程与上述情况相同。

SQ_1 是组合行程开关，它的两对常闭触点分别用于摇臂升降的极限位置控制，起终端保护作用。当摇臂上升或下降到极限位置时，由挡铁使 SQ_1（10-11）或（14-15）断开，切断接触器 KM_4 和 KM_5 的通路，使电动机停转，从而起到了保护作用。

SQ_1 为自动复位的组合行程开关，SQ_2 为不能自动复位的组合行程开关。

摇臂升降机构除了电气限位保护以外，还有机械极限保护装置，在电气保护装置失灵时，机械极限保护装置可以起保护作用。

④ 立柱和主轴箱的夹紧控制。

机床的立柱分内外两层，外立柱可以围绕内立柱作 360°的旋转。内、外立柱之间有夹紧装置。立柱的夹紧和放松由液压装置进行，电动机拖动一台齿轮泵。电动机正转时，齿轮泵送出压力油使立柱夹紧，电动机反转时，齿轮泵送出压力油使立柱放松。

立柱夹紧电动机用按钮 SB_1 和 SB_2 及接触器 KM_2 和 KM_3 控制，其控制为点动控制。按下 SB_1 或 SB_2，KM_2 或 KM_3 就通电而吸合，使电动机正转或反转，将立柱夹紧或放松。松开 SB_1 或 SB_2，KM_2 或 KM_3 断电而释放，电动机即停止。

立柱的夹紧、松开与主轴箱的夹紧、松开有电气上的联锁。立柱松开，主轴箱也松开，立柱夹紧，主轴箱也夹紧，按 SB_2 后接触器 KM_3 吸合，立柱松开，KM_3（6-22）吸合，中间继电器 KA 通电吸合并自保。KA 的一个常闭触点接通电磁阀 YV，使液压装置将主轴箱松开。在立柱放松的整个时期内，中间继电器 KA 和电磁阀 YV 始终保持工作状态。按下 SB_1，接触器 KM_2 通电而吸合，立柱被夹紧。KM_2 的常闭辅助触头 KM_2（22—23）断开，KA 断电而释放，电磁阀 YV 断电，液压装置将主轴箱夹紧。

在该控制电路里，不能用接触器 KM_2 和 KM_3 来直接控制电磁阀 YV。因为电磁阀必须保持通电状态，主轴箱才能松开。一旦 YV 断电，液压装置立即将主轴箱夹紧。KM_2 和 KM_3 均是点动工作方式，当按下 SB_2 使立柱松开后再放开该按钮，KM_3 断电而释放，立柱不会再夹紧。为了使放开 SB_2 后 YV 仍能始终通电，此时就不能用 KM_3 来直接控制 YV，而必须用一只中间继电器 KA，在 KM_3 断电而释放后，KA 仍能保持吸合，使电磁阀 YV 始终通电，从而使主轴箱始终松开。只有当按下 SB_1，使 KM_2 吸合，立柱夹紧，KA 才会释放，YV 才断电，主轴箱也被夹紧。

(2) 操作试运行

1) 使装置中漏电保护部分接触器的触点先吸合，再合上 QS_1；

2) 按下 SB_3，KM 吸合，电源指示灯亮，说明机床电源已接通，同时主轴箱夹紧指示灯亮，说明 YV 没有通电；

3) 转动 SA_6，冷动泵电机工作，相应指示灯亮；转动 SA_3，照明灯亮；

4) 将十字形开关手柄向右，主轴电动机 M_2 起动，将手柄扳回到中间位置后电动机 M_2 即停；

5) 将十字形开关手柄向上，摇臂升降电机 M_4 正转，相应指示灯亮，再把 SQ_2 置于"上夹"位置（这是模拟实际中摇臂松开操作），然后再把十字形开关手柄扳回中间位置，电动机 M_4 应立即反转，对应指示灯亮，最后把 SQ_2 置中间位置，电动机 M_4 停转（这时模拟摇臂上升到指定高度后的夹紧操作）。以上即为摇臂上升和夹紧工作的自动循环。实际机床中，SQ_2 能自行动作，模拟装置中是靠手动操作的。摇臂下降与夹紧的自动循环与前面过程相类似，此时十字形开关手柄向下，SQ_2 置"下夹"，SQ_1 起摇臂升降的终端保护作用。

6) 按下 SB_1，立柱夹紧、松开电动机 M_3 正转，立柱夹紧，对应指示灯亮；松开按钮 SB_1，电动机 M_3 即停。

7) 按下 SB_2，电动机 M_3 反转，立柱放松，相应指示灯亮，同时 KA 吸合并自锁，主轴箱放松，相应指示灯亮；松开按钮，电动机 M_3 即停转，但 KA 仍吸合，主轴箱放松指示灯继续点亮，要使主轴箱夹紧，可再按一下 SB_1，进行第 6)、7) 步操作，实现立柱和主轴箱的夹紧、松开控制（两者有电气上的联锁）。

8) 按下 SB_4，机床电源即被切断。

(3) Z3040B 型摇臂钻床电气控制电路故障的排除

1) 实训内容。

① 用通电实验方法发现故障现象，进行故障现象，进行故障分析，并在电气原理图中用粗实线标出最小的故障范围。

② 排除图 7-16 的 Z3040B 型摇臂钻床主电路电气故障点（包括人为设置的两个电气故障点）。

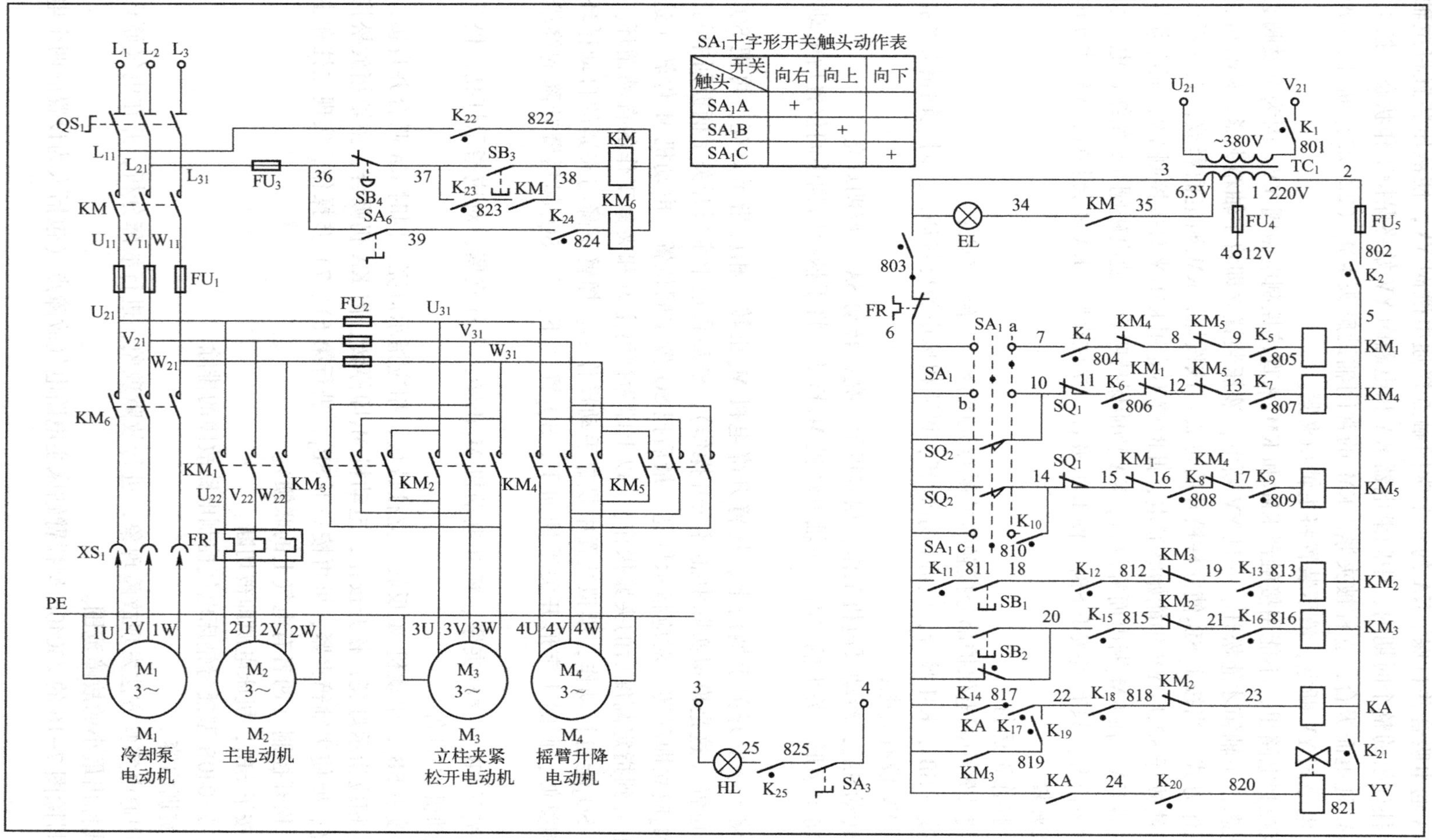

SA1十字形开关触头动作表

触头 \ 开关	向右	向上	向下
SA1A	+		
SA1B		+	
SA1C			+

图7-16　KH-Z3040B摇臂钻床电气故障点图

该摇臂钻床的工作过程是由电气、机械、液压系统紧密结合实现的。因此，在维修中不仅要注意电气部分能否正常工作，也要注意它与机械和液压部分的协调关系。下面仅分析该摇臂钻床的部分电气故障，如表 7-14 所列。

表 7-14　Z3040B 型摇臂钻床的部分电气故障

故障现象	故障原因	故障检修
操作时无反应	1. 电源没有接通； 2. FU_3 烧断或 L_{11}、L_{21} 导线有断路或脱落	1. 检查插头、电源引线、电源闸刀； 2. 检查 FU_3、L_{11}、L_{21}
按 SB_3，KM 不能吸合，但操作 SA_6，KM_6 能吸合	36-37-38-KM 线圈-L_{21} 中有断路或接触不良	用万用表电阻挡对相关线路进行测量
控制电路不能工作	1. FU_5 烧断； 2. FR 因主轴电动机过载而断开； 3. 5 号线或 6 号线断开； 4. TC_1 变压器线圈断路； 5. TC_1 初级进线 U_{21}、V_{21} 中有断路； 6. KM 接触器中 L_1 相或 L_2 相主触点烧坏； 7. FU_1 中 U_{11}、V_{11} 相熔断	1. 检查 FU_5； 2. 对 FR 进行手动复位； 3. 查 5、6 号线； 4. 查 TC_1； 5. 查 U_{21}、V_{21}； 6. 检查 KM 主触点； 7. 检查 FU_1
主轴电动机不能起动	1. 十字形开关接触不良； 2. KM_4（7-8）、KM_5（8-9）常闭触点接触不良； 3. KM_1 线圈损坏	1. 更换十字形开关； 2. 调整触点位置或更换触点； 3. 更换线圈
主轴电动机不能停止	KM_1 主触点熔焊	更换触头
摇臂升降后不能夹紧	1. SQ_2 位置不当； 2. SQ_2 损坏； 3. 连到 SQ_2 的 6、10、14 号线中有脱落或断路	1. 调整 SQ_2 位置； 2. 更换 SQ_2； 3. 检查 6、10、14 号线
摇臂升降方向与十字形开关手柄的扳动方向相反	摇臂升降电动机 M_4 相序接反	更换 M_4 相序
立柱能放松，但主轴箱不能放松	1. KM_3（6-22）接触不良； 2. KA（6-22）或 KA（6-24）接触不良； 3. KM_2（22-23）常闭触点不通； 4. KA 线圈损坏； 5. YV 线圈开路； 6. 22、23、24 号线中有脱落或断路	用万用表电阻挡检查相关部位并修复

其电气故障的设置原则、实习步骤、实训要求、操作注意事项部分可参照任务 7.1 C6140 型车床电气控制电路的装调与故障维修的"任务实施"中"（2）C6140 型车床电气控制电路故障的排除"。

2）故障设置说明如表 7-15 所列。

表 7-15　故障设置说明

故障开关	故障现象	备　注
K_1	机床不能起动	电源能接通，冷却泵能起动，其他控制失灵
K_2	机床不能起动	电源能接通，冷却泵能起动，其他控制失灵
K_3	机床不能起动	电源能接通，冷却泵能起动，其他控制失灵
K_4	主轴电动机不能起动	
K_5	主轴电动机不能起动	

(续)

故障开关	故障现象	备注
K_6	摇臂不能上升	
K_7	摇臂不能上升	
K_8	摇臂不能下降	
K_9	摇臂不能下降	
K_{10}	摇臂不能下降	
K_{11}	立柱不能夹紧	
K_{12}	立柱不能夹紧	
K_{13}	立柱不能夹紧	
K_{14}	立柱自行松开	通电后立柱自行松开
K_{15}	立柱不能松开	
K_{16}	立柱不能松开	
K_{17}	主轴箱不能松开	按下立柱放松按钮,KM_3 吸合,立柱夹紧使电动机反转,中间继电器 KA、电磁阀 YV 吸合,主轴箱松开,松开立柱放松按钮,KA、YV 释放,主轴箱夹紧
K_{18}	主轴箱不能松开	按下立柱放松按钮,KM_3 吸合,立柱夹紧时电动机反转,中间继电器 KA、电磁阀 YV 不动作,主轴箱不能松开
K_{19}	主轴箱不能松开	按下立柱放松按钮,KM_3 吸合,立柱夹紧使电动机反转,中间继电器 KA、电磁阀 YV 不动作,主轴箱不能松开
K_{20}	主轴箱不能松开	按下立柱放松按钮,KM_3 吸合,立柱夹紧使电动机反转,中间继电器 KA 吸合,电磁阀 YV 不动作,主轴箱不能松开
K_{21}	主轴箱不能松开	按下立柱放松按钮,KM_3 吸合,立柱夹紧使电动机反转,中间继电器 KA 吸合,电磁阀 YV 不动作,主轴箱不能松开
K_{22}	机床不能动动	按下 SB_3,电源开关 KM 不动作,电源无法接通
K_{23}	电源开关 KM 不能保持	按下 SB_3,KM 吸合,松开 SB_3,KM 释放,机床断电
K_{24}	冷却泵不能起动	
K_{25}	照明灯不亮	

【考核与评价】

本部分内容参见"任务 7.1 C6140 型车床电气控制电路的装调与故障维修"的"考核与评价"部分。其相应考核与评价见表 7-16。

表 7-16 考核与评价

考核点 (所占比例)	建议考核方式	评价标准			
		优	良	中	及格
Z3040B 型摇臂钻床电气控制电路的工作原理,元器件组成;电动机起动顺序;保护环节的运用;	教师评价、学生互评	熟练掌握组成 Z3040B 型摇臂钻床电气控制电路的一般规律;熟练掌握元器件组成,保护环节的运用;熟练操作控制柜	熟练掌握组成 Z3040B 型摇臂钻床电气控制电路的一般规律;掌握元器件组成,保护环节的运用;掌握操作控制柜	掌握组成 Z3040B 型摇臂钻床电气控制电路的一般规律;掌握元器件组成,保护环节的运用;掌握操作控制柜	基本掌握组成 Z3040B 型摇臂钻床电气控制电路的一般规律;掌握元器件组成,保护环节的运用;掌握操作控制柜

参 考 文 献

[1] 王锁庭. 电子电子技术及实践 [M]. 北京：化学工业出版社，2010.
[2] 王锁庭. 实用电工技能训练 [M]. 北京：石油工业出版社，1999.
[3] 晏明军. 电工与电子技术项目化教程 [M]. 北京：中国建材工业出版社，2012.
[4] 劳动和社会保障部. 维修电工技能训练 [M]. 北京：中国劳动社会保障出版社，2007.
[5] 赵旭升. 电机与电气控制 [M]. 北京：化学工业出版社，2009.
[6] 劳动和社会保障部. 电气控制线路安装与检修 [M]. 北京：中国劳动社会保障出版社，2010.
[7] 王锁庭. 电机与电气控制案例教程 [M]. 北京：化学工业出版社，2009.
[8] 杨宇. 维修电工（中级·应知）[M]. 广州：广州科技出版社，2005.
[9] 张运波. 工厂电气控制技术 [M]. 北京：高等教育出版社，2001.
[10] 田淑珍. 工厂电气控制技能与训练 [M]. 北京：机械工业出版社，2010.
[11] 赵秉衡. 工厂电气控制设备 [M]. 北京：冶金工业出版社，2001.
[12] 王炳实. 机床电气控制 [M]. 第4版. 北京：机械工业出版社，2010.
[13] 张文红、王锁庭. 电机及机床电气控制 [M]. 北京：北京理工大学出版社，2005.

参考文献

[1] 王国梁. 水利水电工程监理[M]. 北京: 中国水利水电出版社, 2008.
[2] 郑爱武. 工程监理[M]. 北京: 中国水利水电出版社, 1996.
[3] 吴爱祥. 建设工程监理概论[M]. 北京: 中国电力出版社, 2012.
[4] 朱晓林. 水利工程建设监理[M]. 北京: 黄河水利出版社, 2007.
[5] 李世华. 建设工程监理[M]. 北京: 清华大学出版社, 2009.
[6] 田威. 建设工程监理理论与实务[M]. 北京: 中国建筑工业出版社, 2009.
[7] 刘伊生. 建设工程监理概论[M]. 北京: 中国建筑工业出版社, 2011.
[8] 林知炎. 建设工程监理[M]. 上海: 同济大学出版社, 2007.
[9] 周文波. 水利水电工程建设监理[M]. 北京: 中国水利水电出版社, 2009.
[10] 周建亮. 工程建设监理概论[M]. 北京: 中国建材工业出版社, 2011.
[11] 邓铁军. 建设工程监理[M]. 武汉: 武汉理工大学出版社, 2010.
[12] 郭汉丁. 建设工程监理概论[M]. 北京: 人民交通出版社, 2008.